LAPACK／BLAS入門

Linear Algebra PACKage
Basic Linear Algebra Subprograms

幸谷智紀 Tomonori Kouya

森北出版株式会社

● 本書のサポート情報を当社 Web サイトに掲載する場合があります．下記の URL にアクセスし，サポートの案内をご覧ください．

http://www.morikita.co.jp/support/

● 本書の内容に関するご質問は，森北出版 出版部「(書名を明記)」係宛に書面にて，もしくは下記の e-mail アドレスまでお願いします．なお，電話でのご質問には応じかねますので，あらかじめご了承ください．

editor@morikita.co.jp

● 本書により得られた情報の使用から生じるいかなる損害についても，当社および本書の著者は責任を負わないものとします．

■ 本書に記載している製品名，商標および登録商標は，各権利者に帰属します．

■ 本書を無断で複写複製（電子化を含む）することは，著作権法上での例外を除き，禁じられています．複写される場合は，そのつど事前に (社)出版者著作権管理機構（電話 03-3513-6969，FAX 03-3513-6979，e-mail：info@jcopy.or.jp）の許諾を得てください．また本書を代行業者等の第三者に依頼してスキャンやデジタル化することは，たとえ個人や家庭内での利用であっても一切認められておりません．

Preface　　　　　　　　　　　　　　はじめに

> 現代のさまざまな高性能コンピューター上で高速な密行列・ベクトル計算が実行できる，そういうソフトウェアが実現できないものだろうか．できるとすれば，どうやればいいのか．その疑問に答えること，つまり，その理想を実現するソフトウェアを提供すること，それが LAPACK プロジェクトの目的なのである．(LAPACK User's Guide Ver.3.0, pp.54)

LAPACK とは

　1946 年，Newsweek 誌に電子計算機 ENIAC の紹介記事が掲載されてから 70 年以上経過し，コンピュータ（= 電子計算機）は我々の日常生活に欠かせないものとなりました．この間に複雑化したハードウェアを使いこなすためには，信頼性の高いソフトウェアが欠かせません．本書で扱う LAPACK/BLAS は，登場以来 20 年以上にわたって多数のユーザと開発者によって磨き上げられた珠玉のソフトウェアの集積，ライブラリであり，科学技術計算では不可欠の存在です．

　計算処理の中でも最も単純なベクトルや行列の加減算，スカラー倍，積，ノルムなどの基本線型計算を行うプログラムを集積した BLAS，そして，その BLAS の上に構築された，より複雑な線型計算（連立一次方程式の解計算，固有値・固有ベクトルの導出など）を行うためのプログラムを集積した LAPACK，これら二つのライブラリを合わせて，本書では "LAPACK/BLAS" と書くことにします．

　LAPACK/BLAS は，現在でも FORTRAN で記述されたプログラムの集積としてソースコードが公開されており，いつでも無料でダウンロードして使用することができるようになっています (http://www.netlib.org/lapack/)．最新版の Version 3.6.1 では，C 言語から直接使用できる LAPACKE と CBLAS も同梱されて配布されています．本書は，この LAPACKE と CBLAS のごく簡単な使い方を紹介し，より高性能な線型計算用プログラムを構築するための派生ライブラリや周辺技術を概説しています．

LAPACK/BLASを使うメリット

LAPACK/BLASを使うメリットとしては，次の3点を挙げることができます．

1. 高速かつ信頼性の高い線型計算が実行できる．
2. 複雑なアルゴリズムを必要とする問題を楽に解くことができる．
3. LAPACK/BLASの派生ライブラリのAPI（関数やサブルーチン）の理解が早まる．

まず，1のメリットについて説明します．基本的なベクトル・行列の演算は，プログラミングに慣れている人であれば，比較的簡単にプログラムできます．しかし，現在のハードウェアには階層的なキャッシュメモリが積まれており，これを最大限利用するためには，それ相応のプログラムを組む必要があります．さらに，マルチコアCPUを生かした並列化を行うとなると，利用したいすべての演算を高速に実行するようプログラムする手間は大変なものになりますし，たくさんのプログラムをスクラッチからつくるとなると，バグが入り込む可能性が高まります．その点LAPACK/BLASは，登場から20年以上経過し，たくさんの利用実績がありますから信頼性はバッチリです．また，たとえばIntel Math Kernelのような，関数・サブルーチン名と引数の指定はLAPACK/BLASままで，より高速化された派生ライブラリも登場しています．このような，CPUの機能を極限まで引き出して高速化したライブラリを使うことで，ソースコードに手を入れることなく高速化ができるようになります．

次に，2のメリットについて説明します．本書では，LAPACK/BLASのごく一部の機能，連立一次方程式の解計算と固有値・固有ベクトル計算だけを扱っていますが，前者に比べて後者のプログラムは大変複雑なものになります．非対称行列の固有値・固有ベクトルをすべて求めることができるLAPACKのxGEEV関数と同等の機能と性能をもったプログラムをスクラッチから構築することは，簡単な仕事ではありません．連立一次方程式を解くぐらいなら可能だと考えて自分でつくることになったとしても，同じ機能をもったLAPACKのxGESV関数も併用して比較し，自作プログラムの性能や数値解の計算精度を確認するぐらいのことは，誠実な技術者であれば当然の義務でしょう．

最後に，3のメリットについて説明します．現在でもハードウェアの高性能化は，マーケット動向に左右されながらも進展しています．とくに昨今は，省電力化のた

めに，いたずらに動作周波数を上げるのではなく，複数の演算コアによって並列に計算させることで高速化を行うマルチコア CPU がごく当たり前に使用されています．また，より多数の演算コアを備えた GPU をはじめとするメニーコアハードウェアの利用も盛んになってきました．このような複雑なハードウェアを使いこなすには，専用のソフトウェアや並列化のテクニックが要求され，専門家でない単なる利用者にとっては敷居の高いものになっています．そこで，これらのハードウェアを有効に使うことのできる LAPACK/BLAS の API と同等の機能をもち，よく似た API を備えた高速派生ライブラリである cuBLAS や MAGMA が登場しています．あらかじめ LAPACK/BLAS に親しんでおくと，これらの派生ライブラリへの移行もスムーズに進むことでしょう．

対象読者

本書は，ある程度 C/C++ プログラミングに親しんでおり，次のような事項を知りたいという方を対象としています．

1. LAPACK/BLAS が提供する線型計算を C/C++ プログラムから呼び出して使用したい．
2. LAPACK/BLAS や高速派生ライブラリ（Intel Math Kernel，cuBLAS，MAGMA など）の性能を実際に動作させて確認したい．
3. 疎行列の扱い方の基本を知りたい．
4. OpenMP，CUDA による並列線型計算の事例が知りたい．

本書では直接扱いませんが，LAPACK/BLAS や高速派生ライブラリを組み込んだ Python のようなスクリプト言語，Scilab や R のような数学・統計処理ソフトウェアを利用する際にも，本書で示した事例を知ることで，大量のデータを処理する際の速度向上のポイントがどこにあるのかを理解することができるでしょう．

本書の読み方

本書は LAPACK/BLAS の解説から始まり，その派生ライブラリとして Intel Math Kernel，cuBLAS，MAGMA，cuSPARSE の解説も行っています．手っ取り早く CPU 用の LAPACK/BLAS の応用事例のみ知りたい方は，第 4 章から最

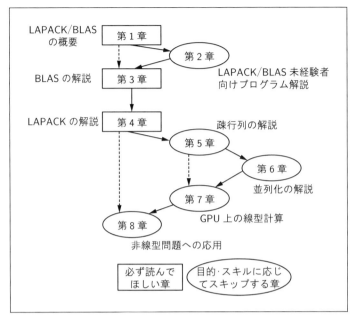

本書の読み方

終章を読むのがよいでしょう．また，CPU 用の並列化手法，とくに Pthread と OpenMP に習熟している方は，第 6 章を飛ばしてもかまいません．

　すべての章はお互いに関連しているので，あまり LAPACK/BLAS のプログラミングに慣れていない方は，一通り読むことをお勧めします．本文は概略的な解説に終始しておりますので，プログラミングの詳細について知りたい場合は，別途配布されるサンプルプログラムをご覧ください．本書の範囲を超える詳細な情報は適宜，参考文献・URL を参照してください．

サポートページ

　LAPACK/BLAS のインストール方法，サンプルプログラムおよびコンパイル & 実行方法は，次のページで案内しております．

http://na-inet.jp/lapack/

　Intel Math Kernel は，インテル株式会社が開発・販売している商用ライブラリです．cuBLAS, cuSPARSE は，NVIDIA 社提供の CUDA の一部です．使用方法は，各社のサポートページをご覧ください．

Web 情報

　前述したとおり，本書は LAPACK/BLAS の機能のごく一部だけを紹介した入門書に過ぎません．Web 上には，より高度でわかりやすい記事も多数紹介されており，科学技術計算やプログラミングが得意な方であれば，たとえば次のような入門記事を読み，そこから Web 情報をたどって LAPACK/BLAS や派生ライブラリの使い方に習熟することも可能でしょう．

細田陽介「私の研究開発ツール第 70 回　数値計算パッケージの使い方」
　https://www.jstage.jst.go.jp/article/itej/67/9/67_815/_pdf
中田真秀「BLAS, LAPACK チュートリアル」
　(1)（簡単な使い方とプログラミング）http://www.jsces.org/Issue/Journal/pdf/nakata-0411.pdf
　(2)（GPU 編）http://www.jsces.org/Issue/Journal/pdf/nakata-0711.pdf

　本書は解説を読みながら，ともに配布されるサンプルプログラムも実行し，ゆっくり LAPACK/BLAS に親しむための入門書として執筆されました．Web 情報だけではよく理解できなかった事柄について，本書の記述が理解の手助けになるようでしたら，著者としてそれに勝る幸せはありません．

謝　辞

　本書を執筆するにあたり，長谷川武光氏（元・福井大学），細田陽一氏（福井大学），中田真秀氏（理化学研究所），廣田千明氏（秋田県立大学）より，貴重なご意見を頂きましたこと，大変感謝しております．著者の力量不足のため，ご意見を生かし切れていないところも多々あり，その点についてはお詫び致します．また，本書刊行に尽力頂いた森北出版・福島崇史氏，原稿〆切間際までうだうだ日々を過ごす著者を叱咤してくれた妻・幸谷緑にも感謝の意を表します．

2016 年 10 月　　　　　　　　　　　　　　　　　　　　遠州茶畑のど真ん中にて
　　　　　　　　　　　　　　　　　　　　　　　　　　　　　　　　幸谷智紀

Contents 目次

サンプルプログラム一覧 ………………………………………………………… x

Chapter 1　LAPACK/BLAS とは

1.1　コンピュータと線型計算 ……………………………………………………… 1
　1.1.1　コンピュータアーキテクチャの概略　1
　1.1.2　浮動小数点数と誤差　2
　1.1.3　行列とベクトル　4
1.2　LAPACK と BLAS の成り立ちと構成 ……………………………………… 6
1.3　LAPACK/BLAS と LAPACKE/CBLAS の比較 …………………………… 10
　1.3.1　基本データ型の違い：REAL 型と float, double 型　11
　1.3.2　配列の要素開始番号の違い：1-based index と 0-based index　12
　1.3.3　2次元配列の格納方法：行優先と列優先　13
　1.3.4　LAPACKE/CBLAS の関数名と引数規則　14
1.4　LAPACK/BLAS にできること・できないこと …………………………… 15
　1.4.1　LAPACK/BLAS にできること　15
　1.4.2　LAPACK/BLAS にできないこと　18
演習問題 …………………………………………………………………………… 19

Chapter 2　LAPACK/BLAS ことはじめ

2.1　解くべき連立一次方程式と直接法 …………………………………………… 20
2.2　BLAS ことはじめ：行列・ベクトルの計算 ………………………………… 22
2.3　LAPACK ことはじめ：連立一次方程式を解く …………………………… 26
2.4　自作プログラムと LAPACK/BLAS の比較 ………………………………… 28
2.5　お試し問題 ……………………………………………………………………… 32

Chapter 3　BLASの活用

- 3.1　行列・ベクトルのデータ構造 ……………………………………… 34
  - 3.1.1　実数と複素数　34
  - 3.1.2　ベクトルのデータ型　36
  - 3.1.3　行列のデータ型　36
- 3.2　BLAS Level1，Level2 演習 ………………………………………… 38
  - 3.2.1　BLAS Level 1：ベクトル演算とベクトルノルム　38
  - 3.2.2　BLAS Level 2：行列・ベクトル演算　44
- 3.3　BLAS Level1，Level2 の応用例 …………………………………… 46
  - 3.3.1　ヤコビ反復法　46
  - 3.3.2　べき乗法　47
- 3.4　BLAS Level 3：行列演算 …………………………………………… 49
- 3.5　行列・ベクトル積，行列積ベンチマーク ………………………… 50
- 演習問題 ………………………………………………………………… 53

Chapter 4　LAPACK ドライバルーチンの活用

- 4.1　正方行列の特徴による分類 ………………………………………… 54
  - 4.1.1　転置および共役に関する特殊な性質をもつ行列　55
  - 4.1.2　ゼロ要素数による分類：密行列と疎行列　57
- 4.2　連立一次方程式をもっと速く解く ………………………………… 59
  - 4.2.1　LU 分解と前進代入・後退代入：計算ルーチン xGETRF と xGETRS　59
  - 4.2.2　係数行列の性質を利用した高速化　62
- 4.3　行列ノルムと条件数：xGECON の使い方 ………………………… 63
  - 4.3.1　行列ノルム　63
  - 4.3.2　正方行列の条件数と数値解の相対誤差　65
- 4.4　直接法の応用事例：混合精度反復改良法 ………………………… 68
  - 4.4.1　混合精度反復改良法の概要　68
  - 4.4.2　直接法ベースの混合精度反復改良法　69
  - 4.4.3　LAPACK の単精度−倍精度の混合精度反復改良法　71
- 4.5　行列の固有値・固有ベクトルを計算する ………………………… 72
  - 4.5.1　実対称行列の場合：[S, D]SYEV 関数　74

4.5.2 非対称行列の場合：[S, D]GEEV 関数　76

演習問題 …………………………………………………………………………… 79

Chapter 5　疎行列用の線型計算ライブラリ

5.1 疎行列とは ……………………………………………………………………… 81
5.2 MTX フォーマット …………………………………………………………… 82
5.3 Intel Math Kernel の疎行列計算機能 ……………………………………… 86
　5.3.1 CSR 形式と CSC 形式　86
　5.3.2 疎行列データの変換と演算　87
5.4 連立一次方程式を反復法で解く ……………………………………………… 89
　5.4.1 ヤコビ反復法　89
　5.4.2 BiCGSTAB 法　90
　5.4.3 数値実験　91

Chapter 6　並列化の方法

6.1 マルチコア，プロセス，スレッド …………………………………………… 93
　6.1.1 Pthread ライブラリによる並列化　95
　6.1.2 OpenMP による並列化　98
6.2 直接法の並列化 ………………………………………………………………… 100
　6.2.1 並列 LU 分解　100
　6.2.2 並列前進・後退代入　101
6.3 Intel Math Kernel の並列化機能 …………………………………………… 102
演習問題 …………………………………………………………………………… 104

Chapter 7　GPU 上の LAPACK/BLAS：
　　　　　　 cuBLAS と MAGMA，cuSPARSE

7.1 GPU と CUDA プログラミング ……………………………………………… 106

7.2 CUDA プログラミング例：DAXPY 関数 ………………………………… 108
   7.2.1 メイン関数の処理　108
   7.2.2 カーネル関数の実行と定義　110
   7.2.3 実行例　111

7.3 cuBLAS と MAGMA の例 ……………………………………………………… 112

7.4 MAGMA と LAPACK の比較 ………………………………………………… 115
   7.4.1 連立一次方程式：DGESV，DSGESV の比較　115
   7.4.2 固有値問題：DGEEV の比較　117

7.5 cuSPARSE の活用 ………………………………………………………………… 118

演習問題 …………………………………………………………………………………… 120

Chapter 8　非線型問題を解く

8.1 積分方程式の離散化 ……………………………………………………………… 121

8.2 ゴラブ-ウェルシュの方法によるガウス型積分公式の分点計算 ……… 122

8.3 デリバティブフリーな非線型方程式の解法 ………………………………… 126

8.4 ベンチマークテスト ……………………………………………………………… 127

演習問題 …………………………………………………………………………………… 128

演習問題解答 …………………………………………………………………………… 129
参考文献 …………………………………………………………………………………… 132
索　引 ……………………………………………………………………………………… 133

Sample Program List　　サンプルプログラム一覧

本文および演習問題で使われているプログラムは，Linux 環境下で実行を確認したものです．Windows 環境下での，Visual C++ & Intel C++ Compiler & Intel Math Kernel を使った BLAS，LAPACK 用プログラムのコンパイルも可能です．実行方法については，サポートページ (http://na-inet.jp/lapack/) を参照してください．

共通

名称	説明
lapack_gcc.inc	GCC 用設定ファイル
lapack_icc.inc	Intel C compiler 用設定ファイル
Makefile	メイクファイル → GCC か Intel C compiler かを選び，設定ファイルを読み込ませて "make" で生成
get_sec.c, get_secv.h	実行時間計測関数

第 1 章

名称	説明
first.c	単精度，倍精度基本演算と相対誤差の導出
complex_first.c	複素数演算（C 言語用）
complex_first_cpp.c	複素数演算（C++ 言語用）

第 2 章

名称	説明
my_matvec_mul.c	行列・ベクトル積
matvec_mul.c	DGEMV を用いた実行列・ベクトル積
complex_matvec_mul.c	ZGEMV を用いた複素行列・ベクトル積
my_linear_eq.c	連立一次方程式の求解
linear_eq.c	DGESV を用いた連立一次方程式の求解
row_column_major.c	行優先，列優先行列格納形式
complex_row_column_major.c	複素数行優先，列優先行列格納形式
lapack_complex_row_column_major.c	LAPACK 関数を用いた複素数行優先，列優先行列格納形式
lapack_complex_row_column_major.cc	LAPACK 関数を用いた複素数行優先，列優先行列格納形式 (C++)

第3章

名称	説明
blas1.c	BLAS Level 1 関数サンプル
blas2.c	BLAS Level 2 関数サンプル
blas3.c	BLAS Level 3 関数サンプル
jacobi_iteration.c	ヤコビ反復法
power_eig.c	べき乗法

第4章

名称	説明
linear_eq_dgetrf.c	LU 分解，前進代入・後退代入
linear_eq_dsgesv.c	混合精度反復改良法
linear_eq_dsposv.c	実対称行列用の混合精度反復改良法
lapack_dgecon.c	条件数の計算
lapack_lamch.c	マシンイプシロンなどの導出
invpower_eig.c	逆べき乗法
lapack_dgeev.c	実非対称行列用固有値・固有ベクトル計算
lapack_dsyev.c	実対称行列用固有値・固有ベクトル計算
lapack_ssyev.c	実対称行列用固有値・固有ベクトル計算（単精度）

第5章

名称	説明
jacobi_iteration_mkl.c	COO 形式疎行列用のヤコビ反復法
jacobi_iteration_csr_mkl.c	CSR 形式疎行列用のヤコビ反復法
bicgstab_mkl.c	COO 形式疎行列用の BiCGSTAB 法
bicgstab_csr_mkl.c	CSR 形式疎行列用の BiCGSTAB 法
mm/matrix_market_io.h	MatrixMarket フォーマット用関数定義
mm/matrix_market_io.c	MatrixMarket フォーマット用関数群

第6章

名称	説明
my_matvec_mul_pt.c	Pthread で並列化した行列・ベクトル積計算
my_matvec_mul_omp.c	OpenMP で並列化した行列・ベクトル積計算
my_linear_eq_omp.c	OpenMP で並列化した LU 分解，前進代入・後退代入計算

第7章

名称	説明
`mycuda_daxpy.cu`	CUDA サンプルプログラム
`matvec_mul_cublas.c`	cuBLAS を用いた行列・ベクトル積
`matvec_mul_magma.c`	MAGMA と cuBLAS を用いた行列・ベクトル積
`matvec_mul_magma_pure.c`	MAGMA だけを用いた行列・ベクトル積
`linear_eq_magma.c`	MAGMA を用いた連立一次方程式の求解
`lapack_dgeev_magma.c`	MAGMA を用いた実非対称行列用の固有値・固有ベクトル計算
`bicgstab_csr_cusparse.c`	cuSPARSE を用いた BiCGSTAB 法

第8章

名称	説明
`integral_eq/Makefile`	積分方程式求解プログラムのコンパイル
`integral_eq/gauss_integral.h`	ガウス積分公式導出のためのヘッダファイル
`integral_eq/gauss_integral.c`	ガウス積分公式の導出
`integral_eq/iteration.c`	割線法とデリバティブフリー解法

1　LAPACK/BLAS とは

本章では，いま世界で最もポピュラーな線型計算ライブラリである LAPACK/BLAS について簡単に紹介します．第 2 章以降で必要となる，コンピュータアーキテクチャ，IEEE754 浮動小数点形式と誤差，行列・ベクトルについても解説します．

1.1　コンピュータと線型計算

1.1.1　コンピュータアーキテクチャの概略

現代のコンピュータは，文書作成，グラフィックス生成，データ分析，Web 閲覧，メール送受信等々，さまざまな用途に使用されるメディア送受信装置として世界中で活躍しています．そのような送受信装置の代表格であるスマートフォン，タブレット端末，パソコン (PC) も，基本的には図 1.1 のようなハードウェア構成になっています．

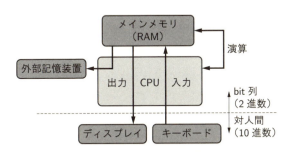

図 1.1　コンピュータのハードウェア構成

コンピュータの性能を決めるのは，計算などの処理を行う CPU (Central Processing Unit) の速度と，記憶装置であるメインメモリ (RAM) とのやり取りの速度です．ハードウェアはそれぞれバスとよばれる配線でつながっており，CPU とメモリとのやり取りも，このバス上に流れる電気信号が担います．CPU の内部も膨大な量のトランジスタを結線して構築されているので，CPU 内の処理もメモリとの

やり取りも，基本的には一定間隔で刻まれる電気信号のパルスで行われます．このパルスの刻みが密であればあるほど，動作周波数(Hz) が大きくなり，短時間で大量のデータを転送できることになります．一般には，CPU 内部の動作周波数に比べ，メモリ間のバスの動作周波数は小さく，したがってメモリと CPU とのデータ転送に要する時間は，CPU の中核回路（コア，core）内部でレジスタ (register) を使って行われる演算処理に比べて大きくなります．

現在使用されている CPU では，データ転送に要する時間を短くするため，よく使うデータほど，コアに近いキャッシュメモリ (cache memory) に置いて転送速度を上げるための仕組みが用意されています（図 1.2）．本書で使用する Intel Xeon，Core i7 といった CPU では，転送速度の高速な順に Level 1 (L1) 〜 L3 キャッシュまで用意されており，低速になるほど容量が大きくなります．さらに，使用頻度の低い大量のデータは，プログラム動作中は RAM に配置し，RAM に入りきらないデータはファイルの形式で外部記憶装置 (SSD, HDD) に置くようにします．

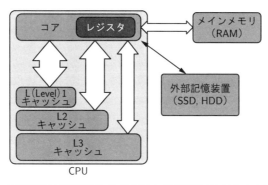

図 1.2　メモリ階層と転送速度（矢印が太いほど高速であることを意味する）

こうすることで，コンピュータ全体のバスの動作周波数を一律に上げるより，低コスト・低電力で処理能力を上げることができるようになります．逆に，このキャッシュメモリを含むメモリ階層を意識した処理方法を工夫（チューニング）しないことには，CPU の能力を最大限生かすことはできません．

1.1.2　浮動小数点数と誤差

さまざまな用途に使えるコンピュータですが，本書ではその名のとおり，計算するための機械 (= computer) として考えます．さらに，ここで述べる計算とは，主

として数値,とくに,単精度 (single precision),倍精度 (double precision) 浮動小数点数(floating-point number) が主となります.この浮動小数点数は,すべての数字を 2 進数,すなわち 0 と 1 の列(ビット列)として表現するもので,図 1.3 に示すとおり,指数部 (exponent) と仮数部 (mantissa) もしくは小数部 (fraction) に分かれた式 (1.1) のように表現されます.

$$\pm b_0.b_1 b_2 \cdots b_\alpha \times 2^{e_1 e_2 \cdots e_\beta} \tag{1.1}$$

ここで,各 b_i,e_j は 0 もしくは 1 となります.2 進表現の場合,指数部を調整することで b_0 を常に 1 とすることができますので,単精度,倍精度表現では $b_0 = 1$ を省略します.これをケチ表現(economical expression) とよびます.

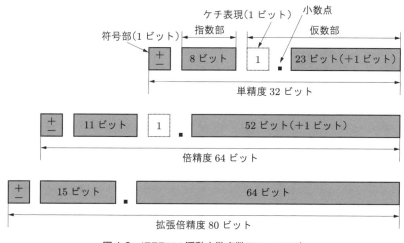

図 1.3 IEEE754 浮動小数点数フォーマット

人間が読み取るためには 2 進表現のままではわかりづらいので,出力する際には 10 進表現に直した形式で表現されます.たとえば,-1234.56 や 0.009876 は

$$-1234.56 = -1.23456\mathrm{e}{+03}, \quad 0.009876 = 9.876\mathrm{e}{-03}$$

と表現されます.

単精度,倍精度浮動小数点数は,仮数部がそれぞれ 2 進 24 ビット,53 ビットしかありませんので,それ以上のビット数を必要とする実数は 25 ビット目,54 ビット目を 0 捨 1 入し,24 ビット目,53 ビット目に 1 を加えたりして丸める必要があります.この仮数部末尾の桁をマシンイプシロンとよび,単精度のマシンイプシロ

ンは $2^{-24} \approx 1.2\mathrm{e}{-7}$,倍精度のマシンイプシロンは $2^{-53} \approx 1.1\mathrm{e}{-16}$ となります.

つまり,10 進表現では単精度,倍精度浮動小数点数に,それぞれ 7 桁目,16 桁目に丸め誤差 (round-off error) が混入することになります.単精度は約 6 桁まで,倍精度は約 15 桁目までは正しい桁,すなわち有効桁になる,ということになります.

このように,コンピュータの内部で使う浮動小数点数は丸めによるものも含めた誤差 (error),すなわち真値 (正しい値) とのずれがつきものです.正しい実数を a と表現するとき,その近似値を $\tilde{a}$ と書き,絶対誤差 (absolute error),相対誤差 (relative error) として,$\tilde{a}$ に含まれる誤差を表現します.

$$\tilde{a} \text{ の絶対誤差} = |a - \tilde{a}|$$

$$\tilde{a} \text{ の相対誤差} = \begin{cases} \dfrac{|a - \tilde{a}|}{a} & (a \neq 0) \\ |a - \tilde{a}| & (a = 0) \end{cases}$$

一般には,真の値は無限桁としてしか表現できないので,真値の代わりにもっと精度のよい (= 誤差の少ない) 近似値 $\tilde{a}'$ を真値の代わりに使用します.10 進換算の有効桁数は $-\log_{10}(\text{相対誤差})$ になります.

1.1.3 行列とベクトル

浮動小数点数を用いた計算のうち,とくに行列・ベクトルを一塊のデータ型として扱うものを数値線型代数 (numerical linear computation) とよびます.LAPACK/BLAS は,この数値線型計算に関するさまざまな機能を提供するプログラムの塊,つまりソフトウェアライブラリです.

本書で扱う n 次元実ベクトル (実数 $\mathbb{R}$ のみを要素としてもつベクトル) $\mathbf{x}$ は,各要素を $x_i \in \mathbb{R}$ $(i = 1, 2, \ldots, n)$ と書くことにすると,

$$\mathbf{x} = \begin{bmatrix} x_1 \\ x_2 \\ \vdots \\ x_n \end{bmatrix} \in \mathbb{R}^n$$

となります.文中に表現するときには,行数節約のために,転置記号 T を用いて $\mathbf{x} = [x_1\ x_2\ \ldots\ x_n]^T$ と書くこともあります.

ベクトルの長さ（大きさ）を表現するためには，ノルム (norm) という量をよく使います．詳細は 3.2.1 項で述べますが，よく使われるノルムとしては，次のユークリッドノルム（2 ノルム）があります．

$$\|\mathbf{x}\|_2 = \sqrt{\sum_{i=1}^{n} |x_i|^2} \tag{1.2}$$

m 行 n 列 $(m \times n)$ の実行列 A は，各要素を $a_{ij} \in \mathbb{R}$ $(i = 1, 2, \ldots, m, j = 1, 2, \ldots, n)$ と書くことにすると，

$$A = \begin{bmatrix} a_{11} & a_{12} & \cdots & a_{1n} \\ a_{21} & a_{22} & \cdots & a_{2n} \\ \vdots & \vdots & & \vdots \\ a_{m1} & a_{m2} & \cdots & a_{mn} \end{bmatrix} \in \mathbb{R}^{m \times n}$$

となります．行列の各列を転置してできる行列は

$$A^T = \begin{bmatrix} a_{11} & a_{21} & \cdots & a_{m1} \\ a_{12} & a_{22} & \cdots & a_{m2} \\ \vdots & \vdots & & \vdots \\ a_{1n} & a_{2n} & \cdots & a_{mn} \end{bmatrix}$$

となります．

本書では，複素数 $\mathbb{C}$ を要素としてもつベクトル・行列を扱うこともあります．そのときには，実数 $\mathbb{R}$ の場合と同様に，n 次元複素ベクトル $\mathbf{z} \in \mathbb{C}^n$，$m \times n$ 複素行列 $C \in \mathbb{C}^{m \times n}$ と書きます．複素数 c は，実数二つ（実部 $\mathrm{Re}(c)$ と虚部 $\mathrm{Im}(c)$）を組み合わせ，虚数単位 $\mathrm{i} = \sqrt{-1}$ を用いて

$$c = \mathrm{Re}(c) + \mathrm{Im}(c) \cdot \mathrm{i}$$

として表現できますので，共役複素数 $\bar{c}$

$$\bar{c} = \mathrm{Re}(c) - \mathrm{Im}(c) \cdot \mathrm{i}$$

を考えることができます．複素ベクトル・複素行列のすべての成分を共役複素数にしたものを，それぞれ

6 第 1 章 LAPACK/BLAS とは

$$\overline{\mathbf{z}} = \begin{bmatrix} \overline{z_1} \\ \vdots \\ \overline{z_n} \end{bmatrix}, \qquad \overline{C} = \begin{bmatrix} \overline{c_{11}} & \cdots & \overline{c_{1n}} \\ \vdots & & \vdots \\ \overline{c_{m1}} & \cdots & \overline{c_{mn}} \end{bmatrix}$$

と書くことにします．また，転置と共役を同時に行った複素ベクトル・複素行列をそれぞれ

$$\mathbf{z}^H = \overline{\mathbf{z}^T} = \overline{\mathbf{z}}^T, \qquad C^H = \overline{C^T} = \overline{C}^T$$

と書くことにします．

LAPACK/BLAS で扱うベクトル・行列は，すべて実数を単精度もしくは倍精度浮動小数点数として扱います．複素数も，実部 (real part) と虚部 (imaginary part) をそれぞれ浮動小数点数としてセットにしたものとして扱います．

1.2 LAPACK と BLAS の成り立ちと構成

LAPACKは Linear Algebra PACKage の略称です．その名のとおり，線型代数で扱う基本的な計算の多くをサポートしているオープンソースライブラリで，オリジナルは FORTRAN 言語 (Fortran90) で記述されており，2016 年 10 月現在の最新版は Version 3.6.1，配布元は http://www.netlib.org/lapack/ です．すべてのソースコードが開示され，利用用途問わず自由に使用することができます．著作権は，テネシー大学，カリフォルニア大学バークレイ校，コロラド・デンバー大学が保持しており，Jack Dongarra，Jim Demmel，Julian Langou の 3 名のリーダシップのもと，開発・保守が行われています．

解説文書類は充実しており，技術的な事柄は，LAPACK Working Notes (LAWNS) として連番でまとめられています．ユーザ用の掲示板 (http://icl.cs.utk.edu/lapack-forum/) も用意されており，いつでも質問することができるようになっています．基本的には UNIX 環境下での利用が想定されていますが，Windows 用のパッケージや使用方法の解説ページ (http://icl.cs.utk.edu/lapack-for-windows/lapack/) も用意されています．

図 1.4 のソフトウェア年表に示すとおり，LAPACK は，連立一次方程式向けの解法を集めた LINPACK と，行列の固有値計算のための解法を集めた EISPACK を統合してできたもので，統合以来すでに 20 年以上の歴史をもっており，コンピュー

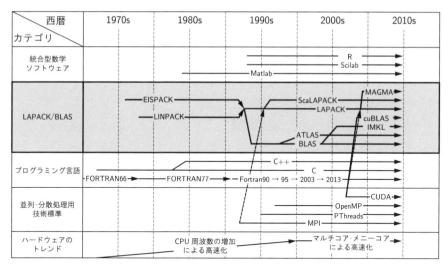

図 1.4 LAPACK/BLAS とその周辺技術の歴史

タアーキテクチャの変化に対応して貪欲に高速化をはかっていることが特徴です．Matlab，Scilab，R といった統合型ソフトウェアでも LAPACK は盛んに利用されており，このうち最古参の Matlab は，LAPACK を手軽に使うために登場したソフトウェアといえます．

現在は，オリジナルの FORTRAN のサブルーチン・関数を C 言語から直接呼び出せる LAPACKE パッケージが同梱されています[†]．これは，Intel Math Kernel 開発グループとの共同で開発されたもので，本書ではもっぱらこちらを利用することにします．したがって，これ以降はすべて C 言語でサンプルコードを記述することになりますが，関数の名称はオリジナルの FORTRAN ルーチンとほぼ同一なので，ここでの解説はそれに基づいて行うことにします．

LAPACK を構成する多数の関数群は，次の三つに分類されます．

▶ **ドライバルーチン (driver routines)**
ユーザーが使用する頻度の高い，次の問題を解くためのルーチン群．

- 連立一次方程式
- 線型最小二乗 (LLS, Linear Least Squares) 問題

[†] CLAPACK というものもありますが，近年はアップデートされていないようですので，本書では扱いません．

- 一般化線型最小二乗問題
- 標準固有値問題
  - 対称行列の固有値・固有ベクトル計算
  - 非対称行列の固有値・固有ベクトル計算
  - 特異値分解
- 一般化固有値問題および特異値問題
  - 一般化対称固有値問題
  - 一般化非対称固有値問題
  - 一般化特異値分解

▶ **計算ルーチン (computational routines)**
ドライバルーチンを下支えする計算を担当するルーチン群.

▶ **補助ルーチン (auxiliary routines)**
BLASや計算ルーチンとの橋渡し, 補完機能を果たすルーチン群.

さらにこの下に, 基本線型計算部分を担当するBLAS (Basic Linear Algebra Subprograms) があり, C言語用にはCBLASが用意されています. LAPACKとBLASの関係を単純なレイヤー構造を示すと, 図1.5のようになります.

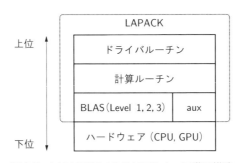

図1.5 LAPACK/BLASのソフトウェア階層構造

LAPACKはBLASの機能を使用して成立しているライブラリですので, 本書では両者を一体のものとして扱うときには, LAPACK/BLASと表記します.

LAPACK, BLASの前身であるLINPACK, EISPACKは古いFORTRAN規格のもとで開発されたため, ルーチン (関数) の名前は "xyyzzz" のように6文字

以内に制限されていました．現在の LAPACK/BLAS でもその制限を引きずっており，命名規則は次のように窮屈で，規則性がわからないと意味不明の文字列に見えます．

`xyyzzz`

x……計算精度と実数，虚数の指定．S：単精度実数，D：倍精度実数，C：単精度複素数，Z：倍精度複素数を意味する．

yy……使用する行列タイプの指定．本書では簡単のため，原則として xGEzzz（一般行列）を使用する．ただし，LAPACK/BLAS では扱う行列ごとに最適化されたルーチンが用意されているため，実際には表 1.1 のように行列の

表 1.1　LAPACK で扱える行列タイプ

文字列	内容
xBDzzz	二重対角行列
xDIzzz	対角行列
xGBzzz	一般帯行列
xGEzzz	非対称一般行列（上下三角行列も可）
xGGzzz	一般行列の対
xGTzzz	一般三重対角行列
xHBzzz	複素エルミート帯行列
xHEzzz	複素エルミート行列
xHGzzz	一般上ヘッセンベルグ行列
xHPzzz	複素エルミート行列の圧縮格納
xHSzzz	上ヘッセンベルグ行列
xOPzzz	実直交行列の圧縮格納
xORzzz	実直交行列
xPBzzz	対称もしくはエルミート正定値帯行列
xPOzzz	対称もしくはエルミート正定値行列
xPPzzz	対称もしくはエルミート正定値行列の圧縮格納
xPTzzz	対称もしくはエルミート正定値三重対角行列
xSBzzz	実対称帯行列
xSPzzz	対称行列の圧縮格納
xSTzzz	実対称三重対角行列
xSYzzz	対称行列
xTBzzz	上下三角帯行列
xTGzzz	帯行列の対
xTPzzz	上下三角行列の圧縮形式
xTRzzz	上下三角行列（準三角行列も可）
xTZzzz	台形行列
xUNzzz	複素ユニタリ行列
xUPzzz	複素ユニタリ行列の圧縮格納

タイプでも指定したほうがよい．

zzz…実行される計算の内容を示す文字列（必ずしも3文字ではない）．本書では，ドライバルーチンとしてxyySV（連立一次方程式），xyyE, xyyEV（固有値・固有ベクトル），計算ルーチンとしてxyyTRF（LU分解），xyyTRS（前進，後退代入），xyyQRF（QR分解）のみを扱う．これらの一覧は表1.2, 1.3, 1.4に示す．

表1.2　LAPACKが行う計算(1/2)：ドライバルーチン

文字列	内容
連立一次方程式	
xyySV	行列 A, B に対して $AX = B$ を X について解くシンプルドライバ
xyySVX	上記のオプション付きエキスパートドライバ
最小二乗問題	
xyyLS	QR分解，もしくはLQ分解を用いて最小二乗問題を解く
xyyLSY	完全直交分解を用いて最小二乗問題を解く
xyyLSS	特異値分解（SVD）を用いて最小二乗問題を解く
xyyLSD	分割統治特異値分解を用いて最小二乗問題を解く
一般化最小二乗問題	
xGGLSE	一般化RQ分解（GRQ）を用いて一般化最小二乗問題を解く
xGGGLM	一般化QR分解（GQR）を用いて一般化線型モデル問題を解く

LAPACK/BLASのオリジナルソースコードがFortran90で記述されるようになって以降は，この6文字制限から外れたルーチン名（〜_rookなど）も使われるようになっていますが，この6文字命名規則はすでに定着して広く利用されていることもあり，当面廃止されることはなさそうです．本書が主として扱うC言語版のLAPACKE/CBLASでも，この6文字はそのまま使われています．

したがって，本書でも6文字サブルーチン名（xGESV, xAXPYなど）を，LAPACKE/CBLASの関数名（`LAPACKE_dgesv`, `cblas_daxpy`）とは区別し，LAPACK/BLASの計算の機能を意味する用語として使用することにします．

1.3　LAPACK/BLASとLAPACKE/CBLASの比較

前節で述べたとおり，LAPACK/BLASは現在でもFORTRANコードとして記述されているため，C/C++と仕様が異なる点が多々あります．ここでは，LAPACK/BLASに関係するものだけを見ていくことにします．

表 1.3 LAPACK が行う計算 (2/2)：ドライバルーチン

対称，エルミート行列の固有値問題	
xyyEV	対称，エルミート行列の固有値，固有ベクトル計算
xyyEVX	対称，エルミート行列の一部固有値，固有ベクトル計算
xyyEVD	対称，エルミート行列の分割統治固有値，固有ベクトル計算
xyyEVR	対称，エルミート行列の固有値，固有ベクトル計算 RRR ドライバ
一般行列の固有値問題	
xGEES	一般行列の固有値計算ドライバ
xGEESX	一般行列の一部の固有値計算ドライバ
xGEEV	一般行列の固有値，左右固有値計算ドライバ
xGEEVX	一般行列の固有値，固有ベクトル計算エキスパートドライバ
一般行列の特異値問題	
xGESVD	一般行列の特異値問題用シンプルドライバ
xGESDD	一般行列の分割統治特異値問題ドライバ
一般化固有値問題	
xyyGV	一般化対称固有値問題のシンプルドライバ
xyyGVD	一般化対称固有値問題の分割統治ドライバ
xyyGVX	一般化対称固有値問題のエキスパートドライバ
xGGES	一般化非線型固有値問題のシンプルドライバ
xGGESX	一般化非線型固有値問題のエキスパートドライバ
xGGEV	一般化固有値問題の固有値・固有ベクトル計算
xGGEVX	一般化固有値問題の固有値・固有ベクトル計算エキスパートドライバ
xGGSVD	一般化特異値問題の特異値・特異ベクトルドライバ
一般化特異値分解	
xGGSVP	三角行列リダクションを行う一般化特異値分解ドライバ
xTGSJA	三角行列のペア向け一般化特異値分解ドライバ

表 1.4 LAPACK が行う計算：計算ルーチン（一部）

文字列	内容
xyyTRF	LU 分解
xyyTRS	LU 分解された行列を用いて前進代入 & 後退代入
xyyCON	条件数 $\kappa(A)$ の逆数計算
xGEQRF	ピボット選択なし QR 分解

1.3.1 基本データ型の違い：REAL 型と float, double 型

LAPACK/BLAS で扱う実数データは，すべて単精度浮動小数点数，または倍精度浮動小数点数です．これらの実数型は**表 1.5** に示すとおり，FORTRAN と C では異なります．また，整数型，文字型も，言語によって宣言名が異なります．

C と C++ では標準の複素数型 (float complex, double complex) に違いがあり，C++ の場合は，複素数クラスがテンプレートライブラリであるため，本書では基

表 1.5　FORTRAN と C の基本データ型宣言の違い

データ型	FORTRAN	C
整数型	INTEGER	int, LAPACK_INT
文字型	CHARACTER	char
単精度実数型	REAL, REAL*4, SINGLE PRECISION	float
倍精度実数型	REAL*8, DOUBLE PRECISION	double
単精度複素数型	COMPLEX*8	float complex
倍精度複素数型	COMPLEX*16, DOUBLE COMPLEX	double complex

本的に C の場合についてのみ記述しています．

1.3.2　配列の要素開始番号の違い：1-based index と 0-based index

FORTRAN と C/C++ では，配列の記述方法が違ううえに，デフォルトの配列の開始番号が異なります．FORTRAN は，とくに指定しない場合，1 次元配列 array_1d も 2 次元配列 array_2d も，次のように 1 から始まります．これを1-based indexとよびます．

```
      parameter(ROW_DIM = 2, COL_DIM = 3)
      real*8 array_1d(ROW_DIM * COL_DIM)
      real*8 array_2d(ROW_DIM,  COL_DIM)
c
      do i = 1, ROW_DIM
         do j = 1, COL_DIM
            ij_index = (i - 1) * COL_DIM + j
            array_1d(ij_index) = ij_index
            array_2d(i, j) = ij_index
         enddo
      enddo
```

一方，C/C++ では次のように 0 から始まります．これを0-based indexとよびます．

```
#define ROW_DIM 2 // 行数
#define COL_DIM 3 // 列数

  (略)

   double array_1d[ROW_DIM*COL_DIM];   // 1 次元配列
```

```
double array_2d[ROW_DIM][COL_DIM]; // 2 次元配列

// 値のセット
for(i = 0; i < ROW_DIM; i++)
{
    for(j = 0; j < COL_DIM; j++)
    {
        ij_index = i * COL_DIM + j;
        array_1d[ij_index] = (double)(ij_index + 1);
        array_2d[i][j]     = (double)(ij_index + 1);
    }
}
```

1.3.3　2次元配列の格納方法：行優先と列優先

たとえば，C/C++ の 2 次元配列 array_2d が

```
array_2d[2][3] = {
  1.0, 2.0, 3.0,
  4.0, 5.0, 6.0
}
```

と格納されていたとします．この配列を FORTRAN コードにそのまま渡すと，**表 1.6** のような並びと解釈されてしまいます．FORTRAN は列優先(column-major) 方式，C/C++ は行優先(row-major) 方式で格納されていますので，このような齟齬が生まれてしまいます．本書では，すべての行列要素を 1 次元配列として扱いますが，その際には，行列要素を行優先か列優先のどちらで格納するかを決めておく必要があります（**図 1.6**）．

たとえば，

表 1.6　C/C++ と FORTRAN の配列の違い

C/C++		FORTRAN	
(i, j)	array_2d[i][j]	(i, j)	array_2d(i, j)
(0, 0)	1.0	(1, 1)	1.0
(0, 1)	2.0	(1, 2)	3.0
(0, 2)	3.0	(1, 3)	5.0
(1, 0)	4.0	(2, 1)	2.0
(1, 1)	5.0	(2, 2)	4.0
(1, 2)	6.0	(2, 3)	6.0

14 第1章 LAPACK/BLAS とは

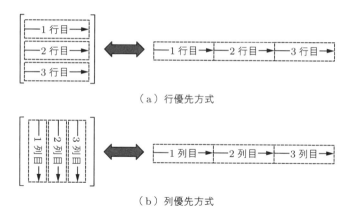

(a) 行優先方式

(b) 列優先方式

図 1.6 行優先と列優先方式

$$A = \begin{bmatrix} 1 & 2 & 3 \\ 4 & 5 & 6 \end{bmatrix}$$

という行列 A を1次元配列に格納するのであれば，行優先形式，列優先形式では，それぞれ

行優先　array_1d[] = {1.0, 2.0, 3.0, 4.0, 5.0, 6.0}
列優先　array_1d[] = {1.0, 4.0, 2.0, 5.0, 3.0, 6.0}

となります．

1.3.4　LAPACKE/CBLAS の関数名と引数規則

　LAPACK/BLAS を C/C++ コードから直接呼び出せるようにしたライブラリが LAPACKE/CBLAS です．それぞれ LAPACK/BLAS の関数・サブルーチン名の前に，`LAPACKE_`/`cblas_` という接頭辞 (prefix) が付きます．たとえば，BLAS の DAXPY 関数，LAPACK の DGESV 関数（ドライバルーチン）は，それぞれ CBLAS では `cblas_daxpy`，LAPACKE では `LAPACKE_dgesv` となります（表1.7）[†]．
　引数は C/C++ で使用できるものに変更されていますが，順序もデータ型もほぼ FORTRAN の仕様のままです．LAPACKE では，その関数・サブルーチン内部のみで必要な一時的な記憶領域 (working area) を引数で渡す関数（接尾辞 (suffix) と

[†] LAPACKE では int 型の代わりに lapack_int 型が定義され，一部でそれを使うようになっていますが，本書ではすべて int 型で統一しています．

1.4 LAPACK/BLAS にできること・できないこと　15

表 1.7　LAPACK/BLAS と LAPACKE/CBLAS の関数名の違い

BLAS	`DAXPY(INTEGER N, REAL*8 ALPHA, REAL*8 X(*), INTEGER INCX, REAL*8 Y(*), INTEGER INCY)`
CBLAS	`void cblas_daxpy(const int N, const double alpha, double *X, const int incX, double *Y, const int incY)`
LAPACK	`DGESV(INTEGER N, INTEGER NRHS, REAL*8 A(LDA,*), INTEGER LDA, INTEGER IPIV(*), REAL*8 B(LDB, *), INTEGER LDB, INTEGER INFO)`
LAPACKE	`int LAPACKE_dgesv(int matrix_order, int n, int nrhs, double *a, int lda, int *ipiv, double *b, int ldb)`

して _work が付く）と，関数内部で自動的に確保する関数が用意されています．本書では基本的に後者のみを使いますが，ループ内で繰り返し使用したり，大規模な記憶領域が必要な場合は，前者を使うことで記憶領域の確保・解放に費やす時間を削減することが可能になります．

1.4　LAPACK/BLAS にできること・できないこと

　LAPACK/BLAS はさまざまな線型計算を可能にしてくれる優れたライブラリですが，できないこともあります．できること・できないことをそれぞれ見ていくことにしましょう．

1.4.1　LAPACK/BLAS にできること

　1.2 節で述べたように，LAPACK はドライバルーチンが扱える次のような問題を解くための関数を提供しています．したがって，これらの問題であれば，LAPACK を使って解くことができます．また，それらの問題を解くために必要な計算も，計算ルーチン群で解くことが可能です．たとえば，ベクトル・行列の基本演算は BLAS が提供しています．本書では，LAPACK の機能のうち連立一次方程式，標準固有値問題と BLAS の機能を中心に扱います．

　以下，LAPACK が扱える問題について簡単に紹介します．

▶ 連立一次方程式 (linear equation)
　係数行列 A と定数ベクトル $\mathbf{b}$ が与えられているとき，

$$A\mathbf{x} = \mathbf{b} \tag{1.3}$$

を満足する未知ベクトル $\mathbf{x}$ を求める問題を，連立一次方程式あるいは線型方程式とよびます．LAPACK では，共通の係数行列 A をもつ複数の連立一次方程式があるときは，それらをまとめて解くことができます．たとえば，

$$A\mathbf{x}_1 = \mathbf{b}_1, \quad A\mathbf{x}_2 = \mathbf{b}_2, \quad A\mathbf{x}_3 = \mathbf{b}_3$$

という三つの連立一次方程式がある場合，定数ベクトルを列とする行列 $B = [\mathbf{b}_1\ \mathbf{b}_2\ \mathbf{b}_3]$ と未知ベクトルを列とする行列 $X = [\mathbf{x}_1\ \mathbf{x}_2\ \mathbf{x}_3]$ を使って，

$$AX = B$$

という連立一次方程式を解くことができるようになっています．

▶線型最小二乗 (LLS，Linear Least Squares) 問題

行列 A と定数ベクトル $\mathbf{b}$ が与えられているとき，

$$\min_{\mathbf{x}} \|\mathbf{b} - A\mathbf{x}\|_2$$

を満足する未知ベクトル $\mathbf{x}$ を求める問題を，線型最小二乗問題とよびます．もし，連立一次方程式 $A\mathbf{x} = \mathbf{b}$ を満足する解 $\mathbf{x}$ が存在すれば，これが線型最小二乗問題の解にもなります．しかし，解が存在しない場合でも，$A\mathbf{x} \approx \mathbf{b}$ となる解を求めることが可能になります．

▶一般化線型最小二乗 (general LLS) 問題

行列 A，B，ベクトル $\mathbf{c}$，$\mathbf{d}$ が与えられているとき，解が一意に決まらない連立一次方程式

$$B\mathbf{x} = \mathbf{d}$$

を満足するベクトル $\mathbf{x}$ のうち，線型最小二乗問題

$$\min_{\mathbf{x}} \|\mathbf{c} - A\mathbf{x}\|_2$$

を満足するベクトル x を求める問題を，線型制約条件付き線型最小二乗 (linear equality-constrained linear squares) 問題とよびます．

同様に，行列 A，B，ベクトル $\mathbf{d}$ が与えられているとき，線型方程式

$$\mathbf{d} = A\mathbf{x} + B\mathbf{y}$$

を満足するベクトル $\mathbf{x}$, $\mathbf{y}$ について，

$$\min_{\mathbf{x}} \|\mathbf{y}\|_2$$

を満足するように $\mathbf{x}$ と $\mathbf{y}$ を限定する問題を，一般化線型モデル (general linear model) 問題とよびます．

LAPACK では，上記の二つを一般化線型最小二乗問題としてカテゴライズしています．

▶ 標準固有値 (eigenvalue) 問題と特異値 (singular value) 問題

行列 A が与えられたとき，

$$A\mathbf{x} = \lambda \mathbf{x} \tag{1.4}$$

を満足するスカラー定数 λ とベクトル $\mathbf{x}$ $(\neq \mathbf{0})$ を求める問題を標準固有値問題とよび，λ を A の固有値 (eigenvalue)，$\mathbf{x}$ を固有値 λ に対応する右固有ベクトル (right eigenvector) とよびます．また，

$$\mathbf{y}^H A = \lambda \mathbf{y}^H$$

を満足するベクトル $\mathbf{y}$ を，固有値 λ に対応する左固有ベクトル (left eigenvector) とよびます．$\mathbf{y}$ が実ベクトルの場合は，当然 $\mathbf{y}^H = \mathbf{y}^T$ です．

行列 A に対して，

$$A\mathbf{y} = \sigma \mathbf{x}, \qquad A^H \mathbf{x} = \sigma \mathbf{y}$$

を同時に満足するスカラー定数 σ を A の特異値 (singular value) とよび，$\mathbf{x}$ と $\mathbf{y}$ をそれぞれ特異値 σ に対応する左特異ベクトル (left singular vector)，右特異ベクトル (right singular vector) とよびます．

一般には，特異値（と左右特異ベクトル），固有値（と左右固有ベクトル）は複数存在します．LAPACK ではそのすべてを求めることも，その一部を求めることも可能です．

▶ 一般化固有値問題および特異値問題

行列 A, B が与えられているとき，

$$A\mathbf{x} = \lambda B\mathbf{x}$$

を満足するスカラー定数 λ とベクトル $\mathbf{x}$ を求める問題を一般化固有値問題とよび，λ を A，B の一般化固有値 (generalized eigenvalue)，$\mathbf{x}$ を一般化固有値 λ に対応する一般化固有ベクトル (generalized eigenvector) とよびます．

1.4.2 LAPACK/BLAS にできないこと

LAPACK/BLAS はさまざまな線型代数の問題を解くことができますが，コンピューターの上で有限桁の浮動小数点数を使っているため，それらの制約を受けます．

▶ メモリに入り切れないサイズの行列・ベクトルを扱う問題

現在の PC では 2～64 GB の RAM を積んでいるものが主流ですが，このメモリに収まらないサイズの行列・ベクトルを扱うことは基本的にできません．最近の OS では，メモリから溢れたデータは一時的に HDD などの外部記憶装置にスワップするようになっていますが，外部記憶装置とメモリ間の転送速度は低速なので，計算の処理速度が著しく落ちます．たとえば，16 GB の RAM は単精度だと $4 \times 1024^3 = 4294967296$ 次元（約 43 億次元），倍精度だと 2147483648 次元（約 21 億次元）のベクトルを格納することができますが，OS やほかのプログラムも同時に動いていますので，実際にスワップせずに格納できるサイズはもっと小さくなります．実行時の空きメモリ量に留意し，スワップしない程度のサイズのベクトルや行列を使う必要があります．

▶ 単精度計算で 10 進約 7 桁，倍精度計算で 10 進約 16 桁以上の精度を求める問題

コンピューター上の浮動小数点は有限桁の小数なので，1.1 節で述べたように，単精度では $2^{-23} \approx 1.2 \times 10^{-7}$，倍精度では $2^{-53} \approx 1.1 \times 10^{-16}$ 以下の小数を正確に表現することができません．つまり，10 進数換算で約 7 桁，約 16 桁以上の精度を必要とする計算は不可能です．また，問題の性格によっては，さらに低い精度の解しか求められないものも存在します．一般には，大規模な問題になればなるほど，得られる解の精度は低くなります．

本書で扱う問題の例としては，倍精度浮動小数点数の桁数では解けない悪条件な

連立一次方程式，2次以上のジョルダンブロックをもつ行列の固有値・固有ベクトル計算は正確な解を得ることができません．

演習問題

1.1 LAPACK/BLAS を利用している統合型数学ソフトウェアのうち，無料で自由に使用できる Scilab (http://www.scilab.org/) と R (http://www.r-project.org/) について調べ，実際に次の手順で連立一次方程式をつくって解く手順を示せ．

(1) 解ベクトル $\mathbf{x} = [1\ 2\ 3]^T \in \mathbb{R}^3$ を与える．

(2) 係数行列 $A = \begin{bmatrix} 3 & 2 & 1 \\ 2 & 2 & 1 \\ 1 & 1 & 1 \end{bmatrix} \in \mathbb{R}^{3 \times 3}$ を与える．

(3) 定数ベクトル $\mathbf{b} = A\mathbf{x}$ を計算する．

(4) 連立一次方程式 $A\mathbf{x} = \mathbf{b}$ を $\mathbf{x}$ について解き，もとの $\mathbf{x}$ と一致することを確認する．

1.2 （研究課題）LAPACK/BLAS を使用しているソフトウェア，ライブラリを検索して調べ，リストアップせよ．

2 LAPACK/BLAS ことはじめ

本章では，LAPACK/BLAS を使ったプログラムをつくって実行します．まずは BLAS の機能だけを使った行列・ベクトルの計算，次に LAPACK のドライバルーチンを使った連立一次方程式の求解プログラムをつくります．ここでは，あらかじめ解がわかっている連立一次方程式を BLAS の機能を用いて作成し，LAPACK の機能を使って正しい解が出ることを順次確認していきます．

2.1 解くべき連立一次方程式と直接法

正則な正方行列 $A \in \mathbb{R}^{n \times n}$ を

$$A = \begin{bmatrix} a_{11} & a_{12} & \cdots & a_{1n} \\ a_{21} & a_{22} & \cdots & a_{2n} \\ \vdots & \vdots & & \vdots \\ a_{n1} & a_{n2} & \cdots & a_{nn} \end{bmatrix}$$

とします．ここで正則行列とは，逆行列 A^{-1} が存在する行列 A のことです．逆行列 A^{-1} とは，次のようにもとの行列 A との積が単位行列 I_n となる行列のことです．

$$AA^{-1} = A^{-1}A = I_n = \begin{bmatrix} 1 & 0 & \cdots & 0 \\ 0 & 1 & \ddots & \vdots \\ \vdots & \ddots & \ddots & 0 \\ 0 & \cdots & 0 & 1 \end{bmatrix}$$

正則な実正方行列 A と n 次実ベクトル $\mathbf{x} \in \mathbb{R}^n$ が既知であるとき，定数ベクトル $\mathbf{b} = A\mathbf{x} \in \mathbb{R}^n$ を A と $\mathbf{x}$ から求めると，n 元の連立一次方程式

$$A\mathbf{x} = \mathbf{b} \iff \begin{bmatrix} a_{11} & a_{12} & \cdots & a_{1n} \\ a_{21} & a_{22} & \cdots & a_{2n} \\ \vdots & \vdots & & \vdots \\ a_{n1} & a_{n2} & \cdots & a_{nn} \end{bmatrix} \begin{bmatrix} x_1 \\ x_2 \\ \vdots \\ x_n \end{bmatrix} = \begin{bmatrix} b_1 \\ b_2 \\ \vdots \\ b_n \end{bmatrix} \qquad (2.1)$$

が得られます．これを $\mathbf{x}$ について解けば，理論的には，もとの $\mathbf{x} = A^{-1}\mathbf{b}$ が必ず得られることになります．

連立一次方程式の求解を行う方法として，中学校で習う連立方程式の加減法をシステマティックに拡張した直接法とよばれる解法があります．これは，LAPACKのドライバルーチンでも使用されているものです．$n = 3$ の場合を例にすると，

$$\begin{bmatrix} a_{11} & a_{12} & a_{13} \\ a_{21} & a_{22} & a_{23} \\ a_{31} & a_{32} & a_{33} \end{bmatrix} \begin{bmatrix} x_1 \\ x_2 \\ x_3 \end{bmatrix} = \begin{bmatrix} b_1 \\ b_2 \\ b_3 \end{bmatrix}$$

から出発し，まず第 1 行目の対角要素 a_{11}（これをピボット (pivot) とよびます）より下の成分をゼロにします．等号を維持するために行単位の操作を行うので，あらかじめゼロになることがわかっている a_{21}, a_{31} には

$$a_{21}^{(1)} := \frac{a_{21}}{a_{11}}, \qquad a_{31}^{(1)} := \frac{a_{31}}{a_{11}}$$

を格納しておき，それぞれ 2 行目，3 行目の計算において，

$$a_{22}^{(1)} := a_{22} - a_{21}^{(1)} a_{12}, \qquad a_{23}^{(1)} := a_{23} - a_{21}^{(1)} a_{13}$$
$$a_{32}^{(1)} := a_{32} - a_{31}^{(1)} a_{12}, \qquad a_{33}^{(1)} := a_{33} - a_{31}^{(1)} a_{13}$$
$$b_2^{(1)} := b_2 - a_{21}^{(1)} b_1, \qquad b_3^{(1)} := b_3 - a_{31}^{(1)} b_1$$

として利用することにします．こうして，

$$\begin{bmatrix} a_{11} & a_{12} & a_{13} \\ a_{21}^{(1)} & a_{22}^{(1)} & a_{23}^{(1)} \\ a_{31}^{(1)} & a_{32}^{(1)} & a_{33}^{(1)} \end{bmatrix} \begin{bmatrix} x_1 \\ x_2 \\ x_3 \end{bmatrix} = \begin{bmatrix} b_1 \\ b_2^{(1)} \\ b_3^{(1)} \end{bmatrix}$$

が得られます．次に，2 行目の対角成分 $a_{22}^{(1)}$ より下の要素をゼロにするために，同様の計算を行います．この際，1 列目は対角成分以下がすでにゼロになっていますので影響を受けません．したがって，同様にあらかじめゼロになることのわかっている a_{32} には

$$a_{32}^{(2)} := \frac{a_{32}^{(1)}}{a_{22}^{(1)}}$$

を代入しておき，3 行目の計算において，

$$a_{33}^{(2)} := a_{33} - a_{32}^{(2)} a_{23}^{(1)}, \qquad b_3^{(2)} := b_3^{(1)} - a_{32}^{(2)} b_2^{(1)}$$

として利用します．結果として，

$$\begin{bmatrix} a_{11} & a_{12} & a_{13} \\ a_{21}^{(1)} & a_{22}^{(1)} & a_{23}^{(1)} \\ a_{31}^{(1)} & a_{32}^{(2)} & a_{33}^{(2)} \end{bmatrix} \begin{bmatrix} x_1 \\ x_2 \\ x_3 \end{bmatrix} = \begin{bmatrix} b_1 \\ b_2^{(1)} \\ b_3^{(2)} \end{bmatrix}$$

が得られます．このとき係数行列は，次のように，下三角行列 L と上三角行列 U の積として表現できます．

$$L = \begin{bmatrix} 1 & 0 & 0 \\ a_{21}^{(1)} & 1 & 0 \\ a_{31}^{(1)} & a_{32}^{(2)} & 1 \end{bmatrix}, \qquad U = \begin{bmatrix} a_{11} & a_{12} & a_{13} \\ 0 & a_{22}^{(1)} & a_{23}^{(1)} \\ 0 & 0 & a_{33}^{(1)} \end{bmatrix}$$

このとき $A = LU$ が成立するので，これを LU 分解とよびます．これを利用すると，右辺は

$$L^{-1}\mathbf{b} = \begin{bmatrix} b_1 \\ b_2^{(1)} \\ b_3^{(2)} \end{bmatrix}$$

であることも確認できます．

実際の計算では，LU 分解のみ事前に行っておき，その後

$$(1)\ L\mathbf{y} = \mathbf{b} \quad \to \quad (2)\ U\mathbf{x} = \mathbf{y}$$

として計算を行います．(1) を前進代入とよび，(2) を後退代入とよびます．

このように，LU 分解，前進・後退代入をセットにした連立一次方程式の求解法は，代数的に直接係数行列と定数ベクトルを変形するので，直接法 (direct method) とよびます．直接法の一般形は 4.2.1 項を参照してください．

2.2 BLAS ことはじめ：行列・ベクトルの計算

1.2 節で述べたように，BLAS はベクトル・行列演算の基本的なものだけを扱うライブラリです．ここでは，実正方行列と実ベクトルとの積を計算するプログラムをつくります．

2.2 BLAS ことはじめ：行列・ベクトルの計算

$A \in \mathbb{R}^{n \times n}$, $\mathbf{x} \in \mathbb{R}^n$ として，

$$A := \begin{bmatrix} 2-1 & 1/2 & \cdots & (-1)^n \cdot 1/n \\ 1/2 & 2-1/3 & \cdots & (-1)^{n+1} \cdot 1/(n+1) \\ \vdots & \vdots & & \vdots \\ (-1)^n \cdot 1/n & (-1)^{n+1} \cdot 1/(n+1) & \cdots & 2+(-1)^{2n-1} \cdot 1/(2n-1) \end{bmatrix}$$

$$= \left[2\delta_{ij} + \frac{(-1)^{i+j-1}}{i+j-1} \right]_{i,j=1,2,\ldots n}$$

$$\mathbf{x} := \begin{bmatrix} 1 \\ 1/2 \\ \vdots \\ 1/n \end{bmatrix} = \left[\frac{1}{i} \right]_{i=1,2,\ldots,n}$$

を考えます．ここで，δ_{ij} はクロネッカーのデルタで，

$$\delta_{ij} = \begin{cases} 1 & (i=j) \\ 0 & (i \neq j) \end{cases}$$

です．A と $\mathbf{x}$ は，後で大規模な問題を解くためにも使いたいので，任意の次元数 n (>1) に対応できる定義をしています．ちなみに，$n=3$ のときは

$$A = \begin{bmatrix} 1 & 1/2 & -1/3 \\ 1/2 & 5/3 & 1/4 \\ -1/3 & 1/4 & 9/5 \end{bmatrix}, \quad \mathbf{x} = \begin{bmatrix} 1 \\ 1/2 \\ 1/3 \end{bmatrix}, \quad \mathbf{b} = A\mathbf{x} = \begin{bmatrix} 41/36 \\ 17/12 \\ 47/120 \end{bmatrix}$$

となります．

以下，この行列とベクトルの積 $A\mathbf{x}$ を計算し，その結果生成される n 次元実ベクトルを $\mathbf{b} \in \mathbb{R}^n$ に格納するサンプルプログラム `matvec_mul.c` をつくります．以下，このプログラムをベースにして書き換えを行っていきます．

```
1: /***********************************************/
2: /* matvec_mul.c ： 実行列×実ベクトル
3: /*
4: /***********************************************/
5: #include <stdio.h>
6: #include <stdlib.h>
7: #include <math.h>
```

```
 8:
 9: #include "cblas.h"
10:
11: int main()
12: {
13:   int i, j, dim;
14:   int inc_vec_x, inc_vec_b;
15:
16:   double *mat_a, *vec_b, *vec_x;
17:   double alpha, beta;
18:
19:   // 次元数入力
20:   printf("Dim = "); scanf("%d", &dim);
21:
22:   if(dim <= 0)
23:   {
24:     printf("Illigal dimenstion! (dim = %d)\n", dim);
25:     return EXIT_FAILURE;
26:   }
27:
28:   // 変数初期化
29:   mat_a = (double *)calloc(sizeof(double), dim * dim);
30:   vec_x = (double *)calloc(sizeof(double), dim);
31:   vec_b = (double *)calloc(sizeof(double), dim);
32:
33:   // mat_a と vec_x に値入力
34:   for(i = 0; i < dim; i++)
35:   {
36:     for(j = 0; j < dim; j++)
37:     {
38:       mat_a[i * dim + j] = (double)(i + j + 1);
39:       if((i + j + 1) % 2 != 0)
40:         mat_a[i * dim + j] *= -1.0;
41:     }
42:     vec_x[i] = 1.0 / (double)(i + 1);
43:   }
44:
45:   // size(vec_x) == size(vec_b)
46:   inc_vec_x = inc_vec_b = 1;
47:
```

```
48:    // vec_b := 1.0 * mat_a * vec_x + 0.0 * vec_b
49:    alpha = 1.0;
50:    beta = 0.0;
51:    cblas_dgemv(CblasRowMajor, CblasNoTrans, dim, dim, alpha, mat_a,
       dim, vec_x, inc_vec_x, beta, vec_b, inc_vec_b);
52:
53:    // 出力
54:    for(i = 0; i < dim; i++)
55:    {
56:      printf("[");
57:      for(j = 0; j < dim; j++)
58:        printf("%10.3f ", mat_a[i * dim + j]);
59:      printf("] %10.3f = %10.3f\n", vec_x[i], vec_b[i]);
60:    }
61:
62:    return EXIT_SUCCESS;
63: }
```

このプログラムを実行し，次元数 (Dim) を '3' と入力すると，次のような出力結果となります．左から順に行列 A, ベクトル $\mathbf{x}$, そして行列・ベクトル積 $\mathbf{b} := A\mathbf{x}$ です．

```
Dim = 3
[      1.000      0.500     -0.333 ]      1.000 =      1.139
[      0.500      1.667      0.250 ]      0.500 =      1.417
[     -0.333      0.250      1.800 ]      0.333 =      0.392
```

行列・ベクトル積を計算する BLAS Level 2 の関数が，51 行目の `cblas_dgemv` 関数です．この関数は，1 次元配列に格納された行列 A とベクトル $\mathbf{x}$ を乗じて α 倍して $\mathbf{b}$ のスカラー倍を加え，その結果を $\mathbf{b}$ に上書きするという処理を行います．

▶ BLAS Level 2: `cblas_dgemv` 関数

xGEMV 関数は，行列・ベクトル積の定数倍とベクトルの定数倍の加算

$$\mathbf{b} := \alpha \operatorname{op}(A)\mathbf{x} + \beta \mathbf{b}$$

を実行します．A が実行列の場合，$\operatorname{op}(A)$ は A もしくは A^T を意味します．倍精度の場合は，BLAS の DGEMV 関数（表 2.1）を使うことになります．

表 2.1 BLAS Level 2: DGEMV 関数

$\mathbf{y} := \alpha \,\mathbf{op}(A)\mathbf{x} + \beta \mathbf{y}$	
`#include "cblas.h"` `void cblas_dgemv(`	引数の意味
`  const enum CBLAS_ORDER order,`	A の格納方式 CblasRowMajor（行優先）, CblasColMajor（列優先）
`  const enum CBLAS_TRANSPOSE transA,`	$\mathbf{op}(A) = A,\ A^T$ CblasNoTrans ($\mathbf{op}(A) = A$), CblasTrans ($\mathbf{op}(A) = A^T$)
`  const int M, const int N,`	A のサイズ（M × N）
`  const double alpha,`	$\alpha\,\mathbf{op}(A)\mathbf{x}$ の α
`  const double *A,`	A の格納先ポインタ
`  const int lda,`	A の実質行数
`  const double *X,`	$\mathbf{x}$ の格納先
`  const int incX,`	$\mathbf{x}$ の要素増分（通常 1）
`  const double beta,`	$\beta\mathbf{y}$ の β
`  double *Y,`	$\mathbf{y}$ の格納先ポインタ
`  const int incY` `);`	$\mathbf{y}$ の要素増分（通常 1）

$A\mathbf{x}$ を計算したいこのケースでは，`cblas_dgemv` 関数を使って $\alpha = 1$，$\beta = 0$ と指定し，$\mathbf{b} := 1 \cdot A\mathbf{x} + 0 \cdot \mathbf{b}$ の計算をさせればよいということになります．

2.3　LAPACK ことはじめ：連立一次方程式を解く

実正方行列 $A \in \mathbb{R}^{n \times n}$ を係数，定数ベクトルが $\mathbf{b} \in \mathbb{R}^n$ として与えられる連立一次方程式 (2.1) を直接法で解くプログラムを，LAPACK のドライバルーチンである `LAPACKE_dgesv` 関数を用いて書いてみます．

前述のプログラムの 61 行目に，次のプログラムを追記します．

```
62: // ピボット初期化
63: pivot = (lapack_int *)calloc(sizeof(lapack_int), dim);
64:
65: // solve A * X = C -> C := X
66: info = LAPACKE_dgesv(LAPACK_ROW_MAJOR, dim, 1, mat_a, dim, pivot,
    vec_b, 1);
67:
68: printf("info = %d\n", info);
69:
```

```
70: // print
71: printf("calculated x = \n");
72: for(i = 0; i < dim; i++)
73: {
74:     printf("%3d -> %3d: ", i, pivot[i]);
75:     printf("%25.17e ", vec_b[i]);
76:     printf("\n");
77: }
78:
79: // diff
80: printf("x - calculated x = \n");
81: for(i = 0; i < dim; i++)
82: {
83:     printf("%3d: ", i);
84:     printf("%10.2e ", fabs((vec_x[i] - vec_b[i]) / vec_x[i]));
85:     printf("\n");
86: }
```

このプログラムでは，先に計算しておいた $\mathbf{b} := A\mathbf{x}$ を定数ベクトルとして与えているので，$\mathbf{x}$ について解けば，当然 $\mathbf{x}$ と同じ値が出てくるはずですが，実際には丸め誤差のため，少しずれた数値解 $\tilde{\mathbf{x}}$ が得られます．また，A は LU 分解されたものに置き換わります．この場合，解いた結果は，$\mathbf{b}$ を格納している配列 vec_b に上書きされて出力されます．

```
info = 0
calculated x =
  0 ->   1:    1.00000000000000000e+00
  1 ->   2:    5.00000000000000111e-01
  2 ->   3:    3.333333333333333315e-01
x - calculated x =
  0:    0.00e+00
  1:    2.22e-16
  2:    0.00e+00
```

もとの解 $\mathbf{x}$ と数値解 $\tilde{\mathbf{x}}$ とのずれ，すなわち $\tilde{\mathbf{x}}$ の各要素の相対誤差も出力しています．この場合，2 番目の値にごく小さい誤差が生じていることがわかります．

ここで使用されているのは，LAPACK の関数を C 言語から直接使えるようにした LAPACKE ライブラリの関数 `LAPACKE_dgesv` です（**表 2.2**）．連立一次方程式

表 2.2　LAPACK: DGESV 関数

$\mathbf{b} := A^{-1}\mathbf{b}$	
`#include "lapache.h"`	引数の意味
`int LAPACKE_dgesv(`	
`int matrix_order,`	A の格納方式
	LAPACK_ROW_MAJOR（行優先）,
	LAPACK_COL_MAJOR（列優先）
`int n, int nrhs,`	行列サイズ
`double *a,`	A ($n \times n$) の格納先ポインタ
`int lda,`	解ベクトルの本数
`int *ipiv,`	ピボット列へのポインタ
`double *b,`	$\mathbf{b}$ ($n \times \text{nrhs}$) の格納先
`int ldb`	$\mathbf{b}$ の本数
`);`	
返り値	
$\text{int info} = \begin{cases} 0 & \text{（正常終了）} \\ -i & \text{(i 番目の引数が異常値)} \\ i & \text{(i 番目のピボットがゼロ)} \end{cases}$	

$$A\mathbf{x} = \mathbf{b} \qquad (2.2)$$

を $\mathbf{x}$ について解き，$\mathbf{b} := \mathbf{x}$ として解を $\mathbf{b}$ に代入するのが xGESV 関数です．倍精度の場合は DGESV 関数になります．

2.4　自作プログラムと LAPACK/BLAS の比較

では次に，これまで LAPACK/BLAS に任せていた機能を自分でつくってみましょう．まず，`cblas_dgemv` 関数に代わって，行列・ベクトル積を実行する `my_matvec_mul` 関数をつくります（サンプルプログラム `my_matvec_mul.c` 参照）．

```
// rowwise only
// my_matvec_mul: vec_b := mat_a * vec_x
void my_matvec_mul(double *vec_b, double *mat_a, int row_dim,
int col_dim, double *vec_x)
{
  int i, j, row_index;

  // メインループ
  for(i = 0; i < row_dim; i++)
```

2.4 自作プログラムと LAPACK/BLAS の比較

```
  {
    vec_b[i] = 0.0;
    row_index = row_dim * i;

    for(j = 0; j < col_dim; j++)
      vec_b[i] += mat_a[row_index + j] * vec_x[j];
  }
}
```

そして，`cblas_dgemv` 関数を次のように入れ替えます．

```
48: // vec_b := 1.0 * mat_a * vec_x + 0.0 * vec_b
49: alpha = 1.0;
50: beta = 0.0;
51: cblas_dgemv(CblasRowMajor, CblasNoTrans, dim, dim, alpha, mat_a,
       dim, vec_x, inc_vec_x, beta, vec_b, inc_vec_b);
```

↓

```
// vec_b := mat_a * vec_x
my_matvec_mul(vec_b, mat_a, dim, dim, vec_x);
```

コンパイルして実行してみると，DGEMV 関数と同じ計算結果が得られることがわかります．

次に，`LAPACKE_dgesv` 関数に代わる連立一次方程式の解を，直接法を用いて求める `my_linear_eq_solve` 関数をつくってみましょう．ピボットとなる対角成分がゼロにならないよう，かつ，誤差を拡大させないために，絶対値の大きな値を対角成分以下から選択し，行ごとに並び替えを行う処理，すなわち，部分ピボット選択 (partial povoting) も行います（サンプルプログラム `my_linear_eq.c` 参照）．

```
// rowwise only
// my_linear_eq_solve: solve mat_a * x = vec_b in x -> vec_b := x
int my_linear_eq_solve(double *mat_a, int dim, int *pivot,
double *vec_b);
{
  int i, j, k, row_index_j, row_index_i, max_j, tmp_index;
  double absmax_aji, abs_aji, pivot_aii, vec_x;

  // ピボットベクトル初期化
  for(i = 0; i < dim; i++)
```

```
      pivot[i] = i;

    // 前進消去
    for(i = 0; i < dim; i++)
    {
      // 部分ピボット選択
      absmax_aji = fabs(mat_a[pivot[i] * dim + i]);
      max_j = pivot[i];
      for(j = i + 1; j < dim; j++)
      {
        abs_aji = mat_a[pivot[j] * dim + i];
        if(absmax_aji < abs_aji)
        {
          max_j = j;
          absmax_aji = abs_aji;
        }
      }
      if(pivot[i] != max_j)
      {
        tmp_index = pivot[max_j];
        pivot[max_j] = pivot[i];
        pivot[i] = tmp_index;
      }

      // ピボット列を使って計算
      row_index_i = pivot[i] * dim;
      pivot_aii = mat_a[row_index_i + i];

      // エラー
      if(pivot_aii <= 0.0)
        return -1;

      for(j = i + 1; j < dim; j++)
      {
        row_index_j = pivot[j] * dim;
        mat_a[row_index_j + i] /= pivot_aii;

        for(k = i + 1; k < dim; k++)
          mat_a[row_index_j + k]
           -= mat_a[row_index_j + i] * mat_a[row_index_i + k];
```

2.4 自作プログラムと LAPACK/BLAS の比較

```
    }
  }

  // ベクトル列の計算: 前進代入
  for(j = 0; j < dim; j++)
  {
    vec_x = vec_b[pivot[j]];
    for(i = j + 1; i < dim; i++)
      vec_b[pivot[i]] -= mat_a[pivot[i] * dim + j] * vec_x;
  }

  // 後退代入
  for(i = dim - 1; i >= 0; i--)
  {
    vec_x = vec_b[pivot[i]];
    row_index_i = pivot[i] * dim;
    for(j = i + 1; j < dim; j++)
      vec_x -= mat_a[row_index_i + j] * vec_b[pivot[j]];

    vec_b[pivot[i]] = vec_x / mat_a[row_index_i + i];
  }

  return 0;
}
```

とても長くなることがわかります．とくにピボット選択の部分が厄介です．
この関数を使って，`LAPACKE_dgesv` 関数を次のように置き換えます．

```
69: // solve A * X = C -> C := X
70: info = LAPACKE_dgesv(LAPACK_ROW_MAJOR, dim, 1, mat_a, dim, pivot,
      vec_b, 1);
```

↓

```
// solve A * x = b -> b := x
info = my_linear_eq_solve(mat_a, dim, pivot, vec_b);
```

これで，同じ計算ができるようになりました．計算した結果については省略します．
では，計算時間はどうでしょうか．自作プログラム，LAPACKE を使ったプログラム，3.5 節で述べる Intel Math Kernel Library (IMKL) を使ったプログラムの三つを用いて，n を 128 ずつ増やして大規模な連立一次方程式を解いてみます．計

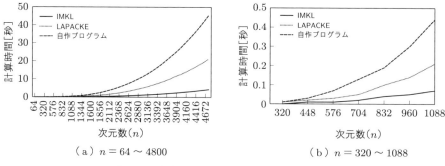

(a) $n = 64 \sim 4800$ （b） $n = 320 \sim 1088$

図 2.1　連立一次方程式求解に要する計算時間

算に要した時間を縦軸に，次元数 n を横軸にプロットしたグラフを図 2.1 に示します．図 (a) のうち，$n = 320 \sim 1088$ の部分を拡大したのが図 (b) になります．

計算時間を計測してみると，とくに n が大きくなるにつれて大変な違いが出てくることがわかります．まえがきで述べたように，大規模な問題を扱う場合は，なるべく LAPACK/BLAS を使ってプログラムを書いたほうがよいでしょう．

2.5　お試し問題

前述の LAPACK のプログラムを使って，次の係数行列 A と解 $\mathbf{x}$ をもつ連立一次方程式 $A\mathbf{x} = \mathbf{b}$ をつくり，数値解 $\tilde{\mathbf{x}}$ を求めてみましょう．

$$A = \begin{bmatrix} 1 & 1/2 & 1/3 \\ 1/2 & 1/3 & 1/4 \\ 1/3 & 1/4 & 1/5 \end{bmatrix}, \quad \mathbf{x} = [-1 \ -1 \ -1]^T$$

この場合，A の ij 要素は $a_{ij} = 1/(i+j-1)$，$\mathbf{x}$ の要素は常に -1 ですので，先のプログラムの 19〜43 行目を，たとえば次のように書き換えるだけで済むことがわかります．

```
// 次元数入力
dim = 3;

if(dim <= 0)
{
  printf("Illigal dimenstion! (dim = %d)\n", dim);
  return EXIT_FAILURE;
```

```
}

// 変数初期化
mat_a = (double *)calloc(sizeof(double), dim * dim);
vec_x = (double *)calloc(sizeof(double), dim);
vec_b = (double *)calloc(sizeof(double), dim);

// mat_a と vec_x に値入力
for(i = 0; i < dim; i++)
{
  for(j = 0; j < dim; j++)
  {
    mat_a[i * dim + j] = 1.0 / (double)(i + j + 1);
  }
  vec_x[i] = -1.0;
}
```

同様にして次の二つの A, $\mathbf{x}$ についても，$\mathbf{b} := A\mathbf{x}$ をつくり，連立一次方程式 $A\mathbf{x} = \mathbf{b}$ を解いて数値解 $\tilde{\mathbf{x}}$ を求めてみましょう．

$$A = \begin{bmatrix} 5 & 5 & 5 & 5 & 5 \\ 5 & 4 & 4 & 4 & 4 \\ 5 & 4 & 3 & 3 & 3 \\ 5 & 4 & 3 & 2 & 2 \\ 5 & 4 & 3 & 2 & 1 \end{bmatrix}, \quad \mathbf{x} = [-1\ -2\ -3\ -4\ -5]^T$$

$$A = \begin{bmatrix} 1 & 1 & 1 & 1 & 1 \\ 1/2 & 1/2 & 1/3 & 1/4 & 1/5 \\ 1/3 & 1/4 & 1/5 & 1/6 & 1/7 \\ 1/4 & 1/5 & 1/6 & 1/7 & 1/8 \\ 1/5 & 1/6 & 1/7 & 1/8 & 1/9 \end{bmatrix}, \quad \mathbf{x} = [1\ 1\ 1\ 1\ 1]^T$$

3 BLAS の活用

第 1 章で述べたように，行列・ベクトルの基本的な演算（加減乗算，スカラー倍，ノルムなど）を担うライブラリが BLAS です．計算が単純であることから，コンピュータの性能をはかる目的でもよく用いられます．BLAS は，LAPACK にも共通するデータ構造をもっているため，ここではその概略を紹介し，実例を通じて 3 層にレベル分けされた BLAS の基本機能を見ていくことにします．

3.1 行列・ベクトルのデータ構造

BLAS で扱うことができる行列・ベクトルの構造は，LAPACK でもほぼ共通しています．要素のデータ型に応じて実数か複素数か，単精度か倍精度かの四つに分類でき，それぞれ接頭辞 (prefix) で区別します．

たとえば C，A，B が行列，α，β が定数の場合，$C := \alpha \operatorname{op}(A) B + \beta C$ という演算（$\operatorname{op}(A) = A$ または A^T，A^H）には，xGEMM という関数を使いますが，データ型に応じてそれぞれ表 3.1 のような関数名になります．以下，BLAS で扱うベクトル・行列の格納形式を見ていきます．

表 3.1 xGEMM の関数名

	単精度	倍精度
実数	cblas_sgemm (SGEMM)	cblas_dgemm (DGEMM)
複素数	cblas_cgemm (CGEMM)	cblas_zgemm (ZGEMM)

3.1.1 実数と複素数

すでに述べたように，行列・ベクトルの要素はすべて有限桁の浮動小数点数として表現されたものであり，本章で扱う LAPACKE/CBLAS においては，単精度（10 進約 7 桁），倍精度（10 進約 16 桁）の IEEE754-1985 規格に則った浮動小数点数が使用されます．複素数についても同様に，実数部，虚数部とも，単精度もしくは

倍精度の浮動小数点数として表現されます．

　C言語では，C99規格より複素数型が規定されており，`complex.h`ヘッダファイルをインクルードすることで，複素数を扱うことができるようになります．四則演算については実数型と同様の演算子 (+, −, *, /) が使用でき，実数部，虚数部を取り出す命令 (creal, cimag 関数)，平方根などの初等関数 (csqrt 関数など) についても，ある程度サポートがなされています．たとえば，二つの複素数を $a = -2 + 2\mathrm{i}$, $b = 3 - 3\mathrm{i}$ を用いて加算，絶対値，平方根を扱うプログラムは次のようになります．

```
#include <stdio.h>
#include <math.h>
#include <complex.h> // C99 複素数型

int main()
{
  float  complex cc = 0.0, ca = -2.0 + 2.0 * I, cb = 3.0 - 3.0 * I;
  double complex zc = 0.0, za = -2.0 + 2.0 * I, zb = 3.0 - 3.0 * I;

  // 四則演算: float complex 型
  printf("--- float data type(single precsion floating-point number)\
---\n");
  cc = ca + cb;
  printf("%25.17e %+-25.17e * I := (%25.17e %+-25.17e * I) + (%25.17e%\
+-25.17e * I)\n", crealf(cc), cimagf(cc), crealf), cimagf(ca), creal\
f (cb), cimagf(cb));

  // 絶対値と平方根: float 型
  cc = cabsf(ca);
  printf("%25.17e %+-25.17e * I := |%25.17e %+-25.17e * I|\n", crealf(\
cc), cimagf(cc), crealf(ca), cimagf(ca));
  cc = csqrtf(cb);
  printf("%25.17e %+-25.17e * I:= sqrt(%25.17e %+-25.17e * I)\n", crea\
lf(cc), cimagf(cc), crealf(cb), cimagf(cb));

  // 四則演算: double 型
  printf("--- double data type(double precsion floating-point number) \
---\n");
  zc = za + zb;
  printf("%25.17e %+-25.17e * I := (%25.17e %+-25.17e * I) + (%25.17e \
%+-25.17e * I)\n", creal(zc), cimag(zc), creal(za), cimag(za), creal\
```

36 第 3 章 BLAS の活用

```
(zb), cimag(zb));

// 絶対値と平方根: double 型
zc = cabs(za);
printf("%25.17e %+-25.17e * I := |%25.17e %+-25.17e * I|\n", creal(\
zc), cimag(zc), creal(za), cimag(za));
zc = csqrt(zb);
printf("%25.17e %+-25.17e * I:= sqrt(%25.17e %+-25.17e * I)\n", crea\
l(zc), cimag(zc), creal(zb), cimag(zb));
… (以下略)
```

しかし，LAPACK/CBLAS の派生ライブラリでは，複素数型が C99 規格とは別のデータ型・構造体として宣言されていることもあり，相互に複素数データを受け渡す場合は，複素数型の非互換性を解消するための処理を独自に行う必要が出てきます．

3.1.2 ベクトルのデータ型

ベクトルは 1 次元配列として表現されます．たとえば，$\mathbf{v} = [1\ 2\ 3]^T$ というベクトルは，C 言語の標準関数である calloc, free 関数を使って領域確保と解放ができ，次のように 1 次元配列として扱うことができます．

```
double *v;

// 領域確保
v = (double *)calloc(3, sizeof(double));

v[0] = 1.0; v[1] = 2.0; v[2] = 3.0;

… (略) …

free(v); // 領域開放
```

3.1.3 行列のデータ型

行列は，2 次元配列としても 1 次元配列としても扱うことができますが，本書では 1 次元配列だけを扱います．

1.3.1 項で述べたように，行列を扱う場合，LAPACKE/CBLAS では，行方向に要素を並べる行優先方式と，列方向に要素を並べる列優先方式の二つが利用可能です．オリジナルの FORTRAN で記述された BLAS や LAPACK は列優先方式だけが使用可能ですが，これは FORTRAN の 2 次元配列がそのように格納されているからです．CBLAS では 2 次元配列は行優先，列優先のどちらにも対応し，使用する CBLAS 関数の引数に方式を指定します．

たとえば，4×3 行列 A が

$$A = \begin{bmatrix} 1 & 2 & 3 \\ 4 & 5 & 6 \\ 7 & 8 & 9 \\ 10 & 11 & 12 \end{bmatrix}$$

である場合，行優先方式は要素番号と値が 1 だけずれて一致するように，次のように 1 次元配列 a に格納されます．

```
double *a;

// 領域確保
a = (double *)calloc(3 * 4, sizeof(double));

a[0] = 1.0; a[1] = 2.0; a[2] = 3.0;
a[3] = 4.0; a[4] = 5.0; a[5] = 6.0;
a[6] = 7.0; a[7] = 8.0; a[8] = 9.0;
a[9] =10.0; a[10]=11.0; a[11]=12.0;

…（略）…

free(a); // 領域開放
```

これに対し，列優先方式では次のように格納されます．

```
a[0] = 1.0; a[1] = 4.0; a[2] = 7.0; a[3] = 10.0;
a[4] = 2.0; a[5] = 5.0; a[6] = 8.0; a[7] = 11.0;
a[8] = 3.0; a[9] = 6.0; a[10]= 9.0; a[11]= 12.0;
```

CBLAS や LAPACKE では，これら二つの行列の格納形式を指定できるようになっています．しかし，前述のようにオリジナルの FORTRAN コードで実装された BLAS や LAPACK，また，7 章で述べる cuBLAS や MAGMA では列優先方式

しか扱えません．このあたりの非互換性も悩ましい問題です．最初から列優先しか使用しないというポリシーでプログラムをつくるのも一つの考え方でしょう．

3.2 BLAS Level1，Level2 演習

BLAS は 1.2 節で述べたように，基本線型計算を担う関数群です．最も頻繁に使用される計算部分を担当するため，さまざまな CPU/GPU 用に特別にチューニングされた BLAS が存在します．

LAPACK の関数群が三つに分類されたように，BLAS も機能ごとに三つのレベル分けがなされています．

BLAS Level 1　ベクトル演算．回転，定数倍，内積など．
BLAS Level 2　行列・ベクトル演算．主として行列・ベクトル積など．
BLAS Level 3　行列演算．行列どうしの和，差，積の計算など．

関数の名称は，Level 1 が xzzz，Level 2, 3 が xyyzzz となっています．命名規則は LAPACK と同じで，x は S (float)，D (double)，C (float complex)，Z (double complex) の四つの計算精度，yy は行列種別，zzz は計算の内容です．

以下，各レベルごとに BLAS の詳細と実行例を見ていくことにします．

3.2.1　BLAS Level 1：ベクトル演算とベクトルノルム

BLAS Level 1 の関数の一覧表が表 3.2 になります．BLAS では，これらの関数ごとに高速化が行われており，利用しないと恩恵が受けられないため，「スカラー倍」「(値の) コピー」など，一見関数を使うまでもないような操作も関数化してあります．

▶ ベクトル演算

BLAS の関数を C プログラムから使うには，次のように行います．たとえば，DAXPY 関数を呼び出してベクトルの和を計算する場合，CBLAS や CBLAS 互換の関数をもつ高速ライブラリから呼び出す際には，CBLAS 形式のものを使用して，

```
cblas_daxpy(dim, alpha, va, inc_va, vc, inc_vc);
```

3.2 BLAS Level1，Level2 演習

表 3.2　BLAS Level 1 の関数

関数名	内容
xROTG	平面上の回転の生成
xROTMG	平面上の回転の生成（改良版）
xROT	ベクトルの回転
xROTM	ベクトルの回転（改良版）
xSWAP	ベクトルの入れ替え $(\mathbf{x} \leftrightarrow \mathbf{y})$
xSCAL	ベクトルのスカラー倍 $(\mathbf{x} := \alpha\mathbf{x})$
xCOPY	ベクトルのコピー $(\mathbf{y} := \mathbf{x})$
xAXPY	ベクトルの定数倍と和 $(\mathbf{y} := \alpha\mathbf{x} + \mathbf{y})$
xDOT	実ベクトル (S, D, DS) どうしの内積 $((\mathbf{x}, \mathbf{y}) = \mathbf{x}^T\mathbf{y})$
xDOTU	複素ベクトル (C, Z) どうしの演算 $(\mathbf{x}^T\mathbf{y})$
xDOTC	複素ベクトル (C, Z) どうしの内積 $((\mathbf{x}, \mathbf{y}) = \bar{\mathbf{x}}^T\mathbf{y})$
xxDOT	実ベクトルの内積とスカラー和 $(\alpha + \mathbf{x}^T\mathbf{y})$
xNRM2	ベクトルのユークリッドノルム $(\|\mathbf{x}\|_2)$
xASUM	実部，虚部の 1 ノルムの和 $(\|\operatorname{Re}(\mathbf{x})\|_1 + \|\operatorname{Im}(\mathbf{x})\|_1)$
IxAMAX	$\max_i(|\operatorname{Re}(x_i)| + |\operatorname{Im}(x_i)|)$ となる最初の k $(1 \leq k \leq n)$

表 3.3　BLAS Level 1：DAXPY 関数

$\mathbf{y} := \alpha\mathbf{x} + \mathbf{y}$	
`#include "cblas.h"`	引数の意味
`void cblas_daxpy(`	
`  const int N,`	x, y のサイズ
`  const double alpha,`	$\alpha\mathbf{x}$ の α
`  const double *X,`	x の格納先
`  const int incX,`	x の要素増分（通常 1）
`  double *Y,`	y の格納先ポインタ
`  const int incY`	y の要素増分（通常 1）
`);`	

表 3.4　BLAS Level 1：DCOPY 関数

$\mathbf{y} := \mathbf{x}$	
`#include "cblas.h"`	引数の意味
`void cblas_dcopy(`	
`  const int N,`	x, y のサイズ
`  const double *X,`	x の格納先
`  const int incX,`	x の要素増分（通常 1）
`  double *Y,`	y の格納先ポインタ
`  const int incY`	y の要素増分（通常 1）
`);`	

と計算します．引数の型と意味は，表 3.3 を参照してください．

ここでは，ベクトルは double 型のポインタとして，va，vc が指すメモリ領域に格納されており，次元数は int 型の dim，定数倍は alpha = 1 として実行せず，ベクトル要素 inc_va = 1，inc_vc = 1 とセットして，1 ずつ指し示して使用します．ベクトルの代入には，xCOPY 関数（表 3.4）を使用しています．

以下に，サンプルプログラム blas1.c のメイン関数を示します．

```c
int main()
{
  int i, dim;
  int inc_vb, inc_vc, inc_va;
  double *va, *vb, *vc;
  double alpha;

  // input dimension
  printf("Dim = "); scanf("%d", &dim);

  if(dim <= 0)
  {
    printf("Illigal dimenstion! (dim = %d)\n", dim);
    return EXIT_FAILURE;
  }

  // Initialize
  va = (double *)calloc(dim, sizeof(double));
  vb = (double *)calloc(dim, sizeof(double));
  vc = (double *)calloc(dim, sizeof(double));

  // input va and vb
  for(i = 0; i < dim; i++)
  {
    va[i] = i + 1;
    vb[i] = dim - (i + 1);
  }

  //vc := vb
  inc_vb = inc_vc = inc_va = 1;
  cblas_dcopy(dim, vb, inc_vb, vc, inc_vc);
```

```
    // vc := 1.0 * va + vb
    alpha = 1.0;
    cblas_daxpy(dim, alpha, va, inc_va, vc, inc_vc);

    // print
    for(i = 0; i < dim; i++)
      printf("%10.3f + %10.3f = %10.3f\n", *(va + i), *(vb + i),
      *(vc + i));

    // free
    free(va);
    free(vb);
    free(vc);

    return EXIT_SUCCESS;
}
```

これを使ってコンパイルし，`blas1` という実行ファイルを生成すると，次のような実行結果が得られます．

```
$ ./blas1
Dim = 5
     1.000 +      4.000 =      5.000
     2.000 +      3.000 =      5.000
     3.000 +      2.000 =      5.000
     4.000 +      1.000 =      5.000
     5.000 +      0.000 =      5.000
```

▶ベクトルノルム

ベクトルの「長さ」を表現するためによく用いられているのがユークリッドノルム (1.2) ですが，次の定義を満足する関数であれば，それはすべて「長さ」(＝ノルム) と称してもかまいません．

定義（ノルム）

a はベクトル，あるいは行列とする．このとき，次のような性質をもつ正の実数への写像 $\|\cdot\|$ をノルムとよぶ．

1. 任意の a に対して $\|a\| \geq 0$ である．とくに，$a = 0$ のときのみ $\|a\| = 0$ となる．

2. 任意の複素数（実数）c に対して，

$$\|ca\| = |c| \cdot \|a\|$$

が成立する．

3. 任意の a, b に対して，三角不等式が成立する．

$$\|a+b\| \leq \|a\| + \|b\|$$

このノルムは，ベクトルや行列の「大きさ」を表す指標として使用されており，実用上便利なように，さまざまなノルムが定義されています．ベクトルノルムとしてよく使用されるものには，次の三つがあります．この中では2ノルム（通称：ユークリッドノルム）が最もよく使用されます．

定義（ベクトルノルム）

$\mathbf{v} = [v_1\ v_2\ \ldots\ v_n]^T \in \mathbb{C}^n$ とするとき，1ノルム $\|\mathbf{v}\|_1$, 2ノルム（ユークリッドノルム）$\|\mathbf{v}\|_2$, 無限大ノルム $\|\mathbf{v}\|_\infty$ は次のように定義される．

$$\|\mathbf{v}\|_1 = \sum_{i=1}^n |v_i|$$

$$\|\mathbf{v}\|_2 = \sqrt{\sum_{i=1}^n |v_i|^2}$$

$$\|\mathbf{v}\|_\infty = \max_{1 \leq i \leq n} |v_i|$$

たとえば，$\mathbf{v} = [-1\ 2\ -3]^T \in \mathbb{R}^3$ のときは

$$\|\mathbf{v}\|_1 = |-1| + |2| + |-3| = 6$$
$$\|\mathbf{v}\|_2 = \sqrt{(-1)^2 + 2^2 + (-3)^2} = \sqrt{14}$$
$$\|\mathbf{v}\|_\infty = \max\{\,|-1|, |2|, |-3|\,\} = 3$$

となります．

これら三つのベクトルノルムに対しては，任意の $\mathbf{v} \in \mathbb{C}^n$ に対してそれぞれある正定数 α_{pq}, β_{pq} が存在し

表 3.5 1ノルム，2ノルム，無限大ノルム間における α_{pq}

q \ p	1	2	∞
1	1	$\sqrt{n}$	n
2	1	1	$\sqrt{n}$
∞	1	1	1

$$\|\mathbf{x}\|_p \leq \alpha_{pq}\|\mathbf{x}\|_q$$

という不等式が成立します．これを表にすると，表 3.5 のようになります．

したがって，どのノルムを使うにしても，その値の違いは高々 $\sqrt{n} \sim n$ 倍程度ということになります．1ノルム，無限大ノルムは，2ノルムに比べて計算が楽なので，少しでも計算量を減らしたい場合に役立ちます．

なお，$\mathbb{R}^2$ 空間における「単位円」を各ノルムを用いて描画すると，図 3.1 のようになります．1ノルム，無限大ノルムは，正方形の形の「単位円」となります．

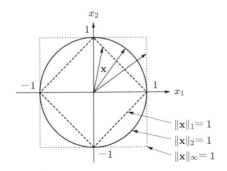

図 3.1 1ノルム，2ノルム，無限大ノルムを用いたときの単位円

ちなみに BLAS Level 1 の関数のうち，xASUM，xNRM2，IxAMAX は，それぞれ実ベクトルの1ノルム，2ノルム，無限大ノルムの計算に相当します（表 3.6[†]）．使い方は，たとえば前ページの $\mathbf{v} \in \mathbb{R}^3$ に対しては，次のように指定します．

```
double va[3] = {-1.0, 2.0, -3.0};

// norm_1, norm_2, norm_i
norm1 = cblas_dasum(3, va, 1);            // 1ノルム
norm2 = cblas_dnrm2(3, va, 1);            // 2ノルム
normi = fabs(vc[cblas_idamax(3, va, 1)]); // 無限大ノルム
```

[†] $\operatorname{argmax}_i(|x_i|)$ とは，$|x_i|$ の最大値となる i の集合を意味します．

表 3.6 BLAS Level 1：DASUM, DNRM2, IDAMAX 関数

$\|\mathbf{x}\|_1$, $\|\mathbf{x}\|_2$, $\min(\mathrm{argmax}_i(|x_i|))$	
`#include "cblas.h"`	引数の意味

`double cblas_dnrm2(`
 `double cblas_dasum(`
 `int cblas_idamax(`
   `const int N,`
   `const double *X,`
   `const int incX`
 `);`
	
	$\mathbf{x}$ のサイズ
	 $\mathbf{x}$ の格納先
	 $\mathbf{x}$ の要素増分（通常 1）

返り値	
cblas_dasum $= \|\mathbf{x}\|_1$	
cblas_dnrm2 $= \|\mathbf{x}\|_2$	
cblas_idamax $= \min(\mathrm{argmax}_i(|x_i|))$	

4.3.1 項で述べるように，行列についてもノルムを定義することはできますが，BLAS には，後述するフロベニウスノルムを除き，行列のノルムを求める機能がないため，LAPACK の補助ルーチン（表 4.4）を使って求める必要があります．

3.2.2　BLAS Level 2：行列・ベクトル演算

BLAS Level 2 の機能一覧を表 3.7 に示します．BLAS Level 2 は，行列・ベクトル積 $\mathbf{xy}^T$ が行列になることを用いた行列演算がメインの機能となります．行列 A が上下三角行列のときのみ，前進代入もしくは後退代入を利用して A^{-1} を乗じる，という操作が可能です．

表 3.7　BLAS Level 2 の関数

関数名	内容
xyyMV	行列・ベクトル積 $(\mathbf{y} := \alpha\,\mathrm{op}(A)\mathbf{x} + \beta\mathbf{y},\ \mathrm{op}(A) = A,\ A^T,\ \bar{A}^T)$
xTyMV	行列・ベクトル積 $(\mathbf{y} := \mathrm{op}(A)\mathbf{x})$
xTySV	行列・ベクトル積 $(\mathbf{y} := \mathrm{op}(A^{-1})\mathbf{x})$
xyyR	実数行列 (S, D) 演算 $(A := \alpha\mathbf{x}\mathbf{y}^T + A)$
xyyRU	複素行列 (C, Z) 演算 $(A := \alpha\mathbf{x}\mathbf{y}^T + A)$
xyyRC	複素行列 (C, Z) 演算 $(A := \alpha\mathbf{x}\bar{\mathbf{y}}^T + A)$
xyyR2	行列演算 $(A := \alpha\mathbf{x}\bar{\mathbf{y}}^T + \mathbf{y}(\overline{\alpha\mathbf{x}})^T + A)$

たとえば，行列・ベクトル積を行うための BLAS Level 2 の関数 DGEMV（表 2.1）を呼び出すには，次のようなメイン関数（サンプルプログラム `blas2.c` 参照）を使います．

3.2 BLAS Level1, Level2 演習

```c
// Initialize
ma = (double *)calloc(dim * dim, sizeof(double));
vb = (double *)calloc(dim, sizeof(double));
vc = (double *)calloc(dim, sizeof(double));

// input ma and vb
for(i = 0; i < dim; i++)
{
  for(j = 0; j < dim; j++)
    ma[i * dim + j] = sqrt(2.0) * (double)(dim - (i + j + 1));
  vb[i] = sqrt(2.0) * (double)(i + 1);
}

//vc := vb
inc_vb = inc_vc = 1;

// vc := 1.0 * ma * vb
alpha = 1.0;
beta = 0.0;
cblas_dgemv(CblasRowMajor, CblasNoTrans, dim, dim, alpha, ma,
dim, vb, inc_vb, beta, vc, inc_vc);

// print
for(i = 0; i < dim; i++)
{
  printf("[");
  for(j = 0; j < dim; j++)
    printf("%10.3f ", ma[i * dim + j]);
  printf("]  %10.3f = %10.3f\n", vb[i], vc[i]);
}

// free
free(ma);
free(vb);
free(vc);
```

このプログラムを実行すると，次のように行列・ベクトル積 (MV) が計算されます．

```
$ ./blas2
Dim = 3
```

```
[    2.828       1.414       0.000 ]      1.414  =      8.000
[    1.414       0.000      -1.414 ]      2.828  =     -4.000
[    0.000      -1.414      -2.828 ]      4.243  =    -16.000
```

3.3 BLAS Level1，Level2 の応用例

ベクトル演算 (BLAS Level 1)，行列・ベクトル演算 (BLAS Level 2) の応用例として，連立一次方程式をヤコビ (Jacobi) 反復法で解く事例と，絶対値最大固有値と固有ベクトルをべき乗法で求める事例を見ていくことにしましょう．

3.3.1 ヤコビ反復法

連立一次方程式 (1.3) において，ベクトルと行列の演算だけを用いて計算する方法を反復法とよびます．ヤコビ反復法は，その中でも最も単純なアルゴリズムです．

1. 初期値 $\mathbf{x}_0 \in \mathbb{R}^n$ を与える．
2. $k = 1, 2, \ldots$ に対して，以下を計算する．

$$\begin{cases} x_1^{(k+1)} := x_1^{(k)} + \frac{1}{a_{11}}\bigl(b_1 - \sum_{j=1}^n a_{1j} x_j^{(k)}\bigr) \\ x_2^{(k+1)} := x_2^{(k)} + \frac{1}{a_{22}}\bigl(b_2 - \sum_{j=1}^n a_{2j} x_j^{(k)}\bigr) \\ \quad \vdots \\ x_n^{(k+1)} := x_n^{(k)} + \frac{1}{a_{nn}}\bigl(b_n - \sum_{j=1}^n a_{nj} x_j^{(k)}\bigr) \end{cases}$$

係数 A の対角成分だけを抜き出した対角行列を D とすると，この反復式はベクトルと行列だけを用いて，次のように表現することができます．

$$\mathbf{x}_{k+1} := \mathbf{x}_k + D^{-1}(\mathbf{b} - A\mathbf{x}_k) \tag{3.1}$$

したがって，この計算は，あらかじめ実対称帯行列 (SB) として D^{-1} をセットしておくことで，

$$\mathbf{y} := \mathbf{b} - A\mathbf{x}_k \quad \leftrightarrow \quad \texttt{cblas\_dgemv}$$
$$\mathbf{y} := \mathbf{x}_k + D^{-1}\mathbf{y} \quad \leftrightarrow \quad \texttt{cblas\_dsbmv}$$

として計算すればよいことになります（表 2.1，表 3.8）．

表 3.8 BLAS Level 2: DSBMV 関数

$\mathbf{y} := \alpha A \mathbf{x} + \beta \mathbf{y}$	
`#include "cblas.h"` `void cblas_dsbmv(`	引数の意味
`  const enum CBLAS_ORDER order,`	A の格納方式 `CblasRowMajor`（行優先）， `CblasColMajor`（列優先）
`  const enum CBLAS_UPLO uplo,`	実対称帯行列 A 格納要素の場所指定 `CblasUpper`（上三角要素のみ）， `CblasLower`（下三角要素のみ）
`  const int N, const int K,`	A のサイズ (N × N) と帯幅 (K)
`  const double alpha,`	$\alpha \,\mathbf{op}(A)\mathbf{x}$ の α
`  const double *A,`	A の格納先ポインタ
`  const int lda,`	A の実質行数
`  const double *X,`	$\mathbf{x}$ の格納先
`  const int incX,`	$\mathbf{x}$ の要素増分（通常 1）
`  const double beta,`	$\beta \mathbf{y}$ の β
`  double *Y,`	$\mathbf{y}$ の格納先ポインタ
`  const int incY`	$\mathbf{y}$ の要素増分（通常 1）
`);`	

3.3.2 べき乗法

べき乗法は，絶対値最大固有値 $\lambda_1 = \lambda_1(A)$ とそれに対応する固有ベクトル $\mathbf{v}_1$ を同時に求める最も単純な方法です．もしすべての固有値が相異なる（$i < j$ のとき，$\lambda_i \neq \lambda_j$ かつ $|\lambda_i| > |\lambda_j|$）場合，各固有値 $\lambda_i = \lambda_i(A)$ に属する固有ベクトル $\mathbf{v}_i$ は n 次元線型空間の基底になりますので，任意のベクトル $\mathbf{x}_0$ は

$$\mathbf{x}_0 = c_1 \mathbf{v}_1 + c_2 \mathbf{v}_2 + \cdots + c_n \mathbf{v}_n$$

と表現できます．したがって，このベクトルに A を乗じていくことで，$\mathbf{x}_k := A^k \mathbf{x}_0$ とすれば

$$\mathbf{x}_k = (\lambda_1)^k \left\{ c_1 \mathbf{v}_1 + c_2 \left(\frac{\lambda_2}{\lambda_1}\right)^k \mathbf{v}_2 + \cdots + c_n \left(\frac{\lambda_n}{\lambda_1}\right)^k \mathbf{v}_n \right\}$$

となりますから，

$$\mathbf{x}_k = (\lambda_1)^k c_1 \mathbf{v}_1 + O\left(\left(\frac{|\lambda_2|}{|\lambda_1|}\right)^k \right)$$

となり，固有ベクトル $\mathbf{v}_1$ へ収束することが期待できます．すると，固有値 λ_1 はレーリー (Raleigh) 商

$$\lambda_1 \approx \frac{(A\mathbf{x}_{k+1}, \mathbf{x}_k)}{(\mathbf{x}_k, \mathbf{x}_k)}$$

を計算することで得られます．実際にはオーバーフローを防ぐため，反復 1 回ごとに $\|\mathbf{x}_k\| = 1$ となるように正規化します．

1. 初期ベクトル $\mathbf{x}_0$（ここで $\|\mathbf{x}_0\| = 1$）を決める．
2. $k = 0, 1, 2, \ldots$ に対して，以下を計算する．
   (a) $\mathbf{y}_{k+1} := A\mathbf{x}_k$
   (b) $\gamma_{k+1} := (\mathbf{y}_{k+1}, \mathbf{x}_k)/(\mathbf{x}_k, \mathbf{x}_k)$
   (c) 収束判定
   (d) $\mathbf{x}_{k+1} := \mathbf{y}_{k+1}/\|\mathbf{y}_{k+1}\|$

したがって，上記の計算は

$$\mathbf{y}_{k+1} := A\mathbf{x}_k \quad \leftrightarrow \quad \text{cblas\_dgemv}$$

$$\gamma_{k+1} := \frac{(\mathbf{y}_{k+1}, \mathbf{x}_k)}{(\mathbf{x}_k, \mathbf{x}_k)} \quad \leftrightarrow \quad \text{cblas\_ddot}$$

$$\mathbf{x}_{k+1} := \frac{\mathbf{y}_{k+1}}{\|\mathbf{y}_{k+1}\|} \quad \leftrightarrow \quad \text{cblas\_dnrm2, cblas\_dscal}$$

を使うことで計算が可能になります（表 2.1，表 3.6，表 3.9，表 3.10）．

表 3.9　BLAS Level 1: DDOT 関数

$(\mathbf{x}, \mathbf{y}) = \mathbf{x}^T \mathbf{y}$	
#include "cblas.h"	引数の意味
double cblas_ddot(	
const int N,	$\mathbf{x}$ のサイズ
const double *X,	$\mathbf{x}$ の格納先
const int incX,	$\mathbf{x}$ の要素増分（通常 1）
const double *Y,	$\mathbf{y}$ の格納先
const int incY	$\mathbf{y}$ の要素増分（通常 1）
);	
返り値	
$(\mathbf{x}, \mathbf{y}) = \mathbf{x}^T \mathbf{y}$	

表 3.10　BLAS Level 1: DSCAL 関数

$\mathbf{x} := \alpha \mathbf{x}$	

#include "cblas.h"
void cblas_dscal(
  const int N,
  const double alpha,
  double *X,
  const int incX
);
	引数の意味
	
	$\mathbf{x}$ のサイズ
	$\alpha\mathbf{x}$ の α
	$\mathbf{x}$ の格納先
	$\mathbf{x}$ の要素増分（通常 1）

3.4　BLAS Level 3：行列演算

BLAS Level 3 は，行列どうしの演算をサポートしています．その機能は**表 3.11**のとおりです．

表 3.11　BLAS Level 3 の関数

関数名	内容
xyyMM	行列積 ($C := \alpha \operatorname{op}(A) \operatorname{op}(B) + \beta C$, $\operatorname{op}(X) = X$, X^T, $\bar{X}^T$)
xyyRK	行列積 ($C := \alpha A \bar{A}^T + \beta C$)
xyyR2K	行列積 ($C := \alpha A \bar{B}^T + \bar{\alpha} B \bar{A}^T$)
xTRSM	三角行列積 ($B := \alpha \operatorname{op}(A^{-1}) B$, $\alpha B \operatorname{op}(A^{-1})$)

行列積を行うために DGEMM 関数を使うには，メイン関数（サンプルプログラム blas3.c 参照）を次のように書きます（**表 3.12**）．

```
// mc := 1.0 * ma * mb + 0.0 * mc
alpha = 1.0;
beta = 0.0;
cblas_dgemm(CblasRowMajor, CblasNoTrans, CblasNoTrans, dim, dim, dim,
alpha, ma, dim, mb, dim, beta, mc, dim);
```

これによって，実正方行列 A, B の積 $C := AB$ の計算が，次のように実行できます．

```
$ ./blas3
Dim = 3
[     1.414      2.828      4.243 ] [     7.071      5.657      4.243 ]
[     2.828      4.243      5.657 ] [     5.657      4.243      2.828 ]
[     4.243      5.657      7.071 ] [     4.243      2.828      1.414 ]
 =
  0: [    44.000     32.000     20.000 ]
```

```
1: [      68.000         50.000         32.000 ]
2: [      92.000         68.000         44.000 ]
```

表 3.12　BLAS Level 3: DGEMM 関数

$C := \alpha \operatorname{op}(A) \operatorname{op}(B) + \beta C$	
`#include "cblas.h"` `void cblas_dgemm(`	引数の意味
`  const enum CBLAS_ORDER order,`	A の格納方式 `CblasRowMajor`（行優先）, `CblasColMajor`（列優先）
`  const enum CBLAS_TRANSPOSE transA,`	$\operatorname{op}(A) = A$, A^T `CblasNoTrans` ($\operatorname{op}(A) = A$), `CblasTrans` ($\operatorname{op}(A) = A^T$)
`  const enum CBLAS_TRANSPOSE transB,`	$\operatorname{op}(B) = B$, B^T
`  const int M, const int N, const int K,`	A のサイズ (M × K) B のサイズ (K × N) C のサイズ (M × N)
`  const double alpha,`	$\alpha \operatorname{op}(A) \operatorname{op}(B)$ の α
`  const double *A,`	A の格納先ポインタ
`  const int lda,`	A の実質行数
`  const double *B,`	B の格納先ポインタ
`  const int ldb,`	B の実質行数
`  const double beta,`	βC の β
`  double *C,`	C の格納先ポインタ
`  const int ldc` `);`	C の実質行数

3.5　行列・ベクトル積，行列積ベンチマーク

　行列積は計算が簡単であるだけでなく，行列サイズを大きくすることで大量の計算が必要になること，並列計算しやすいことなどの理由から，CPU や GPU などの演算を実行するハードウェアの性能を調べる（評価する）ためによく使用されます．ここでは，BLAS level 3 の行列積を計算する関数 xGEMM を使ったベンチマークテストプログラムをつくってみましょう．

　ハードウェアの性能は，単位時間内にどのぐらいの数の処理が実行できるかで評価します．1 秒間に実行できる単精度・倍精度浮動小数点演算の数は FLOPS (FLoating-point Operations Per Second，flops，flop/s とも表記）という単位で表します．

　たとえば，$A \in \mathbb{R}^{n \times n}$，$\mathbf{b} \in \mathbb{R}^n$ であるときの行列・ベクトル積 $A\mathbf{b} \in \mathbb{R}^n$ の計算量は，

加算 $n(n-1)$ 回
乗算 n^2 回

となりますので，合計 $2n^2 - n$ となります．$n = 1024$ の場合に $1\,\mathrm{ms}$（ミリ秒 $= 1/1000$ 秒）の計算時間を要したとすれば，FLOPS 値は

$$\frac{2 \times (1024)^2 - 1024}{1/1000} = 2096128 \times 1000 \approx 1999\,\mathrm{MFLOPS} \approx 1.95\,\mathrm{GFLOPS}$$

です[†1]．

ハードウェアの性能を限界まで引き出し，できる限り大きな FLOPS 値を得るには，なるべく単純かつ並列化が容易な計算を行うことが望ましいわけですが，そのためには行列どうしの積，すなわち行列積がよく使用されます．前節の BLAS Level3 の SGEMM（単精度），DGEMM（倍精度）を用いて算出された FLOPS 値は，CPU/GPU の最大性能に近い値と考えてよいでしょう．

$A, B \in \mathbb{R}^{n \times n}$ の行列積 $AB \in \mathbb{R}^{n \times n}$ は行列・ベクトル積の n 倍となりますので，

加算 $n^2(n-1)$ 回
乗算 n^3 回

となります．したがって FLOPS 値は，xGEMM の計算時間を $T(\mathrm{xGEMM})$（秒）と表記すると，

$$\frac{2n^3 - n^2}{T(\mathrm{xGEMM})}\,\mathrm{FLOPS}$$

となります．

ハードウェアの限界を知るための計算は，図 1.2 に示すメモリ階層を考慮して，キャッシュメモリの性能を最大限引き出すブロック化 (blocking)[†2] によるキャッシュ最適化や，SIMD 命令の使用など，線型計算の高速化に役立つすべての機能を使って限界まで高速化（チューニング）した BLAS ライブラリが必要になります．オリジナルの FORTRAN BLAS は現在は参照用 (reference BLAS) であり，性能限界を知るにはチューニングがなさすぎて向いていません．ましてや，ユーザが自分で書いた単純ループの計算は，さらに遅いものになります．高性能な計算を実現する

[†1] 本書では，$1\,\mathrm{MFLOPS}$（メガフロップス）$= 1024^2\,\mathrm{FLOPS}$，$1\,\mathrm{GFLOPS}$（ギガフロップス）$= 1024^3\,\mathrm{FLOPS} = 1024\,\mathrm{MFLOPS}$ として使用しています．

[†2] 行列を小行列に分解して計算を組み立てる方法．タイリング (tiling) ともいいます．

ためには，チューニングされた BLAS を使うのが一般的です．

現在の CPU 用にチューニングされた BLAS としては次のものがあります．

IMKL Intel Math Kernel ライブラリ．インテルが作成した商用 BLAS，LAPACK．マルチコア CPU 用としては最高速．MATLAB，Scilab などの数値計算ソフトウェアにも利用されている．

ATLAS オープンソースのフリー BLAS ライブラリ．一部，LAPACK の関数も入っている．IMKL より若干劣るが，R（統計解析用ソフトウェア）など，さまざまなソフトウェアに利用されている．

OpenBLAS 一時期は IMKL より高速だったこともある GotoBLAS の後継．まだ発展途上という印象が強い．本書では扱わない．

では，次の計算環境で行列・ベクトル積 (xGEMV) と行列積 (xGEMM) の FLOPS 値を得た結果を**図 3.2** に示します．使用した計算環境は次のとおりです．

CPU Intel Core i7-3820 (4 cores)

OS CentOS 6.5 x64

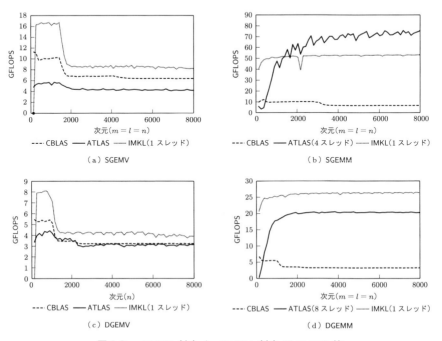

図 3.2 xGEMV（左）と xGEMM（右）の FLOPS 値

S/W　Intel C compiler 11.x, IMKL 11.2, LAPACK/BLAS 3.6.0

単精度,倍精度計算のどちらにおいても,xGEMV より xGEMM のほうが FLOPS 値が高くなっています.つまり,キャッシュメモリの最適化や SIMD 命令を多用して計算を効率化することで,単位時間あたりの計算量は行列積 (xGEMM) のほうが大きくできる,ということを示しています.

演習問題

3.1 $A, B \in \mathbb{R}^{2\times 2}$, $\mathbf{x}, \mathbf{y} \in \mathbb{R}^2$ が次のように与えられているものとする.

$$A = \begin{bmatrix} 1 & 2 \\ -2 & 3 \end{bmatrix}, \quad B = \begin{bmatrix} -3 & 0 \\ 1 & -2 \end{bmatrix}, \quad \mathbf{x} = \begin{bmatrix} -3 \\ 0 \end{bmatrix}, \quad \mathbf{y} = \begin{bmatrix} -1 \\ 1 \end{bmatrix}$$

このとき,次の計算を BLAS ルーチンを用いて計算するプログラムを書け.
(1) $3\mathbf{x} - \mathbf{y}$
(2) $4AB$
(3) $(4AB)(3\mathbf{x} - \mathbf{y})$

3.2 $A \in \mathbb{R}^{2\times 2}$ が次のように与えられているとする.

$$A = \begin{bmatrix} 3 & 1 \\ 1 & 3 \end{bmatrix}$$

このとき,次の問いに答えよ.
(1) ヤコビ反復法を使って連立一次方程式 $A\mathbf{x} = [-2\ 2]^T$ を解け.
(2) べき乗法を使って A の絶対値最大固有値と固有ベクトルを求めよ.

3.3 複素数ベクトルに対しては,xASUM, xNRM2, IxAMAX は,それぞれ 1 ノルム,2 ノルム,無限大ノルムに相当するといえるか.具体例を使って説明せよ.

3.4（**研究課題**）複素数行列,複素数ベクトルを使って,単精度・倍精度複素行列・ベクトル積（CGEMV, ZGEMV 関数）,単精度・倍精度行列積（CGEMM, ZGEMM 関数）を計算するプログラムをつくれ.また,ベンチマークテストを行って実数行列積の FLOPS 値と比較し,結果を考察せよ.

4 LAPACK ドライバルーチンの活用

LAPACK は，大まかに五つの問題（連立一次方程式，線型最小二乗問題，一般化線型最小二乗問題，標準固有値問題と特異値問題，一般化固有値問題と特異値問題）が解けることについてはすでに述べました．すべての機能を限られた紙面で解説することは不可能なので，本章では，五つの問題のうち最も単純な，連立一次方程式と標準固有値問題の機能についてのみ，ドライバルーチンと計算ルーチンを使いながら解説していきます．その中でも，とくに正方行列に絞って扱っていくことにします．

4.1 正方行列の特徴による分類

LAPACK/BLAS で扱う行列は，すでに表 1.1 に示したとおり，タイプ別に分類されています．理論的には，複素行列・複素ベクトルだけですべての数値線型代数計算を行うことは可能ですが，たとえば，実行列・実ベクトルの計算だけを行いたいのであれば，複素数演算が不要になるので計算時間が短くできます．このように，特殊な行列の性質を使うことで計算時間を短くすることができるのであれば，その特殊性を生かした計算ルーチンを用意しておくことが，実用的には大変重要です．これが，LAPACK/BLAS にさまざまな行列タイプごとのドライバルーチン，計算ルーチンが用意されている理由です．

ここでは，LAPACK で使用できる正方行列の性質を概観していくことにします．正方行列の特徴づけとして，LAPACK/BLAS では次の基準が設けられています．

1. 要素がすべて実数（実行列）か，複素数を含む（複素行列）か．
2. 転置および共役に関して特殊な性質をもつか（エルミート，ユニタリ行列），もたないか．
3. 要素に占めるゼロ要素の量が多い（疎行列）か，少ない（密行列）か．

1. は複素数演算が不要かどうか，ということです．また，実正方行列，複素正方行列に対しては，2., 3. の性質をうまく利用することによって，計算量を減らすことができるようになります．以下，この二つの特徴づけによって分類される特殊な

行列を解説します．

4.1.1 転置および共役に関する特殊な性質をもつ行列

実正方行列，複素正方行列について，それぞれ次のような行列が存在します．

▶ 実正方行列
すべての要素が実数．

対称行列　転置行列がもとの行列と同じになる行列．
直交行列　転置行列が逆行列になる行列．

▶ 複素正方行列
複素数要素を含む行列．

エルミート行列　転置共役行列がもとの行列と同じになる行列．
ユニタリ行列　転置共役行列が逆行列になる行列．

以下，この四つの正方行列の性質を見ていくことにします．

▶ 対称行列とエルミート行列
1.1 節で，複素正方行列 $C \in \mathbb{C}^{n \times n}$ に対して，すべての要素を共役複素数に置き換える操作を $\overline{C}$，さらに転置した行列を

$$C^H = \overline{C^T} = \overline{C}^T$$

と書くことを述べました．もし

$$C^H = C$$

が成立するとき，C をエルミート (Hermite) 行列とよびます．
もし C が実正方行列であれば，$\overline{C} = C$ より

$$C^T = C$$

となります．このとき，C は対称 (symmetric) 行列とよびます．

▶ 直交行列とユニタリ行列

複素正方行列 $U \in \mathbb{C}^{n \times n}$ において,

$$\overline{U}^T U = U \overline{U}^T = I_n$$

すなわち, $U^{-1} = \overline{U}^T$ となるとき, U をユニタリ (unitary) 行列とよびます.

U が実正方行列であれば, $\overline{U} = U$ であるので

$$U^T U = U U^T = I_n$$

となります. このとき, U を直交 (orthogonal) 行列とよびます.

U がユニタリ行列であれば, これを列ベクトル形式

$$U = [\mathbf{u}_1 \ \mathbf{u}_2 \ \ldots \ \mathbf{u}_n] \quad (\mathbf{u}_i \in \mathbb{C}^n, \ i = 1, 2, \ldots, n)$$

で表現すると

$$\begin{aligned}
U \overline{U}^T = \left(\overline{U}^T U \right)^T &= \left(\begin{bmatrix} \overline{\mathbf{u}_1}^T \\ \overline{\mathbf{u}_2}^T \\ \vdots \\ \overline{\mathbf{u}_n}^T \end{bmatrix} [\mathbf{u}_1 \ \mathbf{u}_2 \ \ldots \ \mathbf{u}_n] \right)^T \\
&= \begin{bmatrix} (\mathbf{u}_1, \mathbf{u}_1) & (\mathbf{u}_1, \mathbf{u}_2) & \cdots & (\mathbf{u}_1, \mathbf{u}_n) \\ (\mathbf{u}_2, \mathbf{u}_1) & (\mathbf{u}_2, \mathbf{u}_2) & \cdots & (\mathbf{u}_2, \mathbf{u}_n) \\ \vdots & \vdots & & \vdots \\ (\mathbf{u}_n, \mathbf{u}_1) & (\mathbf{u}_n, \mathbf{u}_n) & \cdots & (\mathbf{u}_n, \mathbf{u}_n) \end{bmatrix}^T \\
&= \begin{bmatrix} 1 & 0 & \cdots & 0 \\ 0 & 1 & \ddots & \vdots \\ \vdots & \ddots & \ddots & 0 \\ 0 & \cdots & 0 & 1 \end{bmatrix}
\end{aligned}$$

であるので,

$$\mathbf{u}_i \overline{\mathbf{u}_j}^T = (\mathbf{u}_i, \mathbf{u}_j) = \begin{cases} 1 & (i = j) \\ 0 & (i \neq j) \end{cases}$$

であることを意味します. つまり, 互いに直交する n 本の n 次元ベクトルによってユニタリ（直交）行列が形成されている, ともいえます.

4.1.2 ゼロ要素数による分類：密行列と疎行列

ゼロとなる行列要素が多い行列を疎 (sparse) 行列とよびます．それに対して，みっしり非ゼロ要素が詰まっている行列を密 (dense) 行列とよびます．疎行列を用いた計算ではゼロ要素を適宜無視し，非ゼロ要素のみを対象とする計算を行うことで，計算時間の短縮をはかることができます．

疎行列は，構造的にきれいな形で非ゼロ要素が並んでいるものと，ランダムにばらけているものに分類されます．後者については第 5 章で扱いますので，以下では前者に属する次の疎行列を見ていくことにします．

帯行列 対角要素の上下複数の副対角要素以外の要素がすべてゼロの行列．
- 三重対角行列…上下副対角要素，対角要素以外の要素がすべてゼロの行列．
- 対角行列…対角要素以外のすべての要素がゼロの行列．

上（下）三角行列 対角成分より下（上）の要素がすべてゼロの行列．

ヘッセンベルグ行列 下副対角要素より下の要素がすべてゼロの行列．

▶帯行列：対角行列と三重対角行列

単位行列のように，対角成分 $a_{ii} = d_i$ $(i = 1, 2, \ldots, n)$ 以外の要素がすべてゼロの n 次正方行列 D を対角 (diagonal) 行列とよびます．ゼロ要素は省略して書くこともあります．

$$D = \begin{bmatrix} d_1 & 0 & \cdots & 0 \\ 0 & d_2 & \ddots & \vdots \\ \vdots & \ddots & \ddots & 0 \\ 0 & \cdots & 0 & d_n \end{bmatrix} = \begin{bmatrix} d_1 & & \\ & \ddots & \\ & & d_n \end{bmatrix}$$

対角成分の上下の要素を副対角要素 (subdiagonal element) とよび，とくに上の要素 $a_{i,i+1}$ $(i = 1, 2, \ldots, n-1)$ を上副対角要素，対角要素の下の要素 $a_{i+1,i}$ $(i = 1, 2, \ldots, n-1)$ を下副対角要素とよびます．対角要素，上下副対角要素以外の要素がすべてゼロの行列 T を，三重対角 (tridiagonal) 行列とよびます．

$$T = \begin{bmatrix} t_{11} & t_{12} & 0 & \cdots & & \cdots & 0 \\ t_{21} & t_{22} & t_{23} & 0 & & & \vdots \\ 0 & \ddots & \ddots & \ddots & \ddots & & \vdots \\ \vdots & \ddots & \ddots & \ddots & \ddots & & 0 \\ 0 & \cdots & 0 & t_{n-1,n-2} & t_{n-1,n-1} & t_{n-1,n} \\ 0 & \cdots & \cdots & 0 & & t_{n,n-1} & t_{nn} \end{bmatrix} = \begin{bmatrix} t_{11} & t_{12} & & \\ t_{21} & \ddots & \ddots & \\ & \ddots & \ddots & t_{n-1,n} \\ & & t_{n,n-1} & t_{nn} \end{bmatrix}$$

このように，対角要素の上下の副対角要素の数本だけに非ゼロ要素が存在する疎行列を，一般に帯 (band) 行列とよびます．

▶ヘッセンベルグ行列

下副対角要素より下の要素がすべてゼロの行列 H を，ヘッセンベルグ (Hessenberg) 行列とよびます．

$$H = \begin{bmatrix} h_{11} & h_{12} & \cdots & & \cdots & h_{1n} \\ h_{21} & h_{22} & \ddots & & & \vdots \\ 0 & \ddots & \ddots & & \ddots & \vdots \\ \vdots & \ddots & h_{n-1,n-2} & h_{n-1,n-1} & h_{n-1,n} \\ 0 & \cdots & 0 & & h_{n,n-1} & h_{nn} \end{bmatrix} = \begin{bmatrix} h_{11} & h_{12} & \cdots & h_{1n} \\ h_{21} & \ddots & \ddots & \vdots \\ & \ddots & \ddots & h_{n-1,n} \\ & & h_{n,n-1} & h_{nn} \end{bmatrix}$$

▶上（下）三角行列

対角成分より下の要素がすべてゼロの行列を上三角行列 U，対角要素より上の要素がすべてゼロの行列を下三角行列 L とよびます．

$$U = \begin{bmatrix} u_{11} & u_{12} & \cdots & u_{1n} \\ 0 & u_{22} & \ddots & u_{2n} \\ \vdots & \ddots & \ddots & \vdots \\ 0 & \cdots & 0 & u_{nn} \end{bmatrix} = \begin{bmatrix} u_{11} & \cdots & u_{1n} \\ & \ddots & \vdots \\ & & u_{nn} \end{bmatrix}$$

$$L = \begin{bmatrix} l_{11} & 0 & \cdots & 0 \\ l_{21} & l_{22} & \ddots & \vdots \\ \vdots & \ddots & \ddots & 0 \\ l_{n1} & \cdots & l_{n,n-1} & l_{nn} \end{bmatrix} = \begin{bmatrix} l_{11} & & \\ \vdots & \ddots & \\ l_{n1} & \cdots & l_{nn} \end{bmatrix}$$

4.2 連立一次方程式をもっと速く解く

2.3 節で述べたように，正則な係数行列をもつ連立一次方程式 (2.2) はドライバルーチン xGESV で解くことができ，共通の係数行列をもつ複数の連立一次方程式を同時に解くことができるようになっています．したがって，n 次正方行列 A の逆行列 A^{-1} を行列 B に乗じる

$$X = A^{-1}B$$

という計算も，

$$AX = B$$

という複数の連立一次方程式を X について解くことで得ることができます．したがって，もし A^{-1} そのものを得たいときには，$B = I_n$ として

$$AX = I_n$$

を解くことで，$X = A^{-1}$ を得ることができます．しかし，逆行列そのものを得るより，A を解きやすい行列に分解しておくほうが計算量を少なくできます．以下，その一例を見ていくことにしましょう．

4.2.1 LU 分解と前進代入・後退代入：計算ルーチン xGETRF と xGETRS

正方行列 A を下三角行列 L と上三角行列 U に分解することを，LU 分解とよびます．

$$A = PLU$$
$$\iff \begin{bmatrix} a_{11} & a_{12} & \cdots & a_{1n} \\ a_{21} & a_{22} & \cdots & a_{2n} \\ \vdots & \vdots & & \vdots \\ a_{n1} & a_{n2} & \cdots & a_{nn} \end{bmatrix} = P \begin{bmatrix} 1 & & & \\ l_{21} & 1 & & \\ \vdots & \ddots & \ddots & \\ l_{n1} & \cdots & l_{n,n-1} & 1 \end{bmatrix} \begin{bmatrix} u_{11} & u_{12} & \cdots & u_{1n} \\ & u_{22} & \cdots & u_{2n} \\ & & \ddots & \vdots \\ & & & u_{nn} \end{bmatrix}$$

誤差の拡大を防ぐためのピボット選択，すなわち行の入れ替えが行われる可能性があるので，一般には LU に左から入れ替え行列 P を掛けた PLU に変化します．このピボット選択付きの LU 分解を行う計算ルーチンが xGETRF 関数です．

xGETRF 関数の結果は，もとの行列 A に上書きされて

第4章 LAPACK ドライバルーチンの活用

$$A \Longrightarrow P \begin{bmatrix} u_{11} & u_{12} & \cdots & u_{1n} \\ l_{21} & u_{22} & \cdots & u_{2n} \\ \vdots & \ddots & \ddots & \vdots \\ l_{n1} & \cdots & l_{n,n-1} & u_{nn} \end{bmatrix}$$

のように格納されています．左から P を掛ける操作は行の入れ替え結果を保存しておけば実行できるので，xGETRF 関数ではピボットの行番号を整数の 1 次元配列に記憶しておくようにしています．

LU 分解された結果，連立一次方程式 (1.3) は

$$L(U\mathbf{x}) = P^{-1}\mathbf{b}$$

となり，並べ替えをもとに戻した $\mathbf{b} := P^{-1}\mathbf{b}$ を用いて，次の 2 段階で解 $\mathbf{x}$ を得ることができるようになります．

$$\boxed{\text{前進代入}}\ L\mathbf{y} = \mathbf{b} \quad \rightarrow \quad \boxed{\text{後退代入}}\ U\mathbf{x} = \mathbf{y}$$

具体的には，次のようになります（この前進・後退代入を行う計算ルーチンが xGETRS 関数になります）．ここで，入れ替えが発生した行番号を記憶した整数の 1 次元配列を使います．

1. 前進代入

$$y_1 := b_1$$
$$y_2 := b_2 - l_{21}y_1$$
$$\vdots$$
$$y_{n-1} := b_{n-1} - \sum_{j=1}^{n-2} l_{n-1,j} y_j$$
$$y_n := b_n - \sum_{j=1}^{n-1} l_{nj} y_j$$

2. 後退代入

$$x_n := \frac{y_n}{u_{nn}}$$
$$x_{n-1} := \frac{y_{n-1} - u_{n-1,n} x_n}{u_{n-1,n-1}}$$

$$\vdots$$

$$x_2 := \frac{y_2 - \sum_{j=3}^{n} u_{2j}x_j}{u_{22}}$$

$$x_1 := \frac{y_1 - \sum_{j=2}^{n} u_{1j}x_j}{u_{11}}$$

この二つの計算ルーチンを組み合わせて倍精度計算で連立一次方程式を解くプログラムは，次のようになります．ドライバルーチン xGESV 関数を使っている部分を，LU 分解（xGETRF 関数）と前進・後退代入（xGETRS 関数）に置き換えています（サンプルプログラム linear_eq_dgetrf.c 参照）．

```
// LU 分解
info = LAPACKE_dgetrf(LAPACK_ROW_MAJOR, dim, dim, mat_a, dim, pivot);
printf("DGETRF info = %d\n", info);

// 前進，後退代入
info = LAPACKE_dgetrs(LAPACK_ROW_MAJOR, 'N', dim, 1, mat_a, dim,
pivot, vec_b, 1);
printf("DGETRS info = %d\n", info);
```

xGETRF 関数（**表4.1**）を使って LU 分解を 1 度行っておくと，定数ベクトルが異なる連立一次方程式を，前進・後退代入（DGETRS 関数，**表4.2**）だけで解くこ

表4.1 LAPACK：DGETRF 関数

行列 A の LU 分解： $A := PLU$	
`#include "lapache.h"`	引数の意味
`int LAPACKE_dgetrf(`	
`int matrix_order,`	A の格納方式
	`LAPACK_ROW_MAJOR`（行優先），
	`LAPACK_COL_MAJOR`（列優先）
`int m, int n,`	A の行列サイズ ($m \times n$)
`double *a,`	A の格納先ポインタ
`int lda,`	A の実質次元数 $\geq \max(1, m)$
`int *ipiv,`	ピボット列へのポインタ
`);`	
返り値	
int info $= \begin{cases} 0 & \text{（正常終了）} \\ -i & \text{（i 番目の引数が異常値）} \\ i & \text{（i 番目のピボットがゼロ）} \end{cases}$	

表4.2 LAPACK：DGETRS関数

$\mathrm{op}(A)X = \mathrm{op}(PLU)X = B$ を X について解く	
`#include "lapache.h"` `int LAPACKE_dgetrs(`	引数の意味
`int matrix_order,`	行列格納方式 LAPACK_ROW_MAJOR（行優先）, LAPACK_COL_MAJOR（列優先）
`char trans,`	$\mathrm{op}(A) = A$ ('N') $= A^T$ ('T')
`int n,`	A のサイズ
`int nrhs,`	B の列数
`const double *a,`	A の格納先ポインタ
`int lda,`	A のサイズ（lda × n）
`const int *ipiv,`	ピボット列へのポインタ
`double *b,`	B の格納先ポインタ
`int ldb` `);`	B の実施次元数 $(\geq \max(1,N))$
返り値	
`int info` $= \begin{cases} 0 & \text{（正常終了）} \\ -i & (i\text{ 番目の引数が異常値}) \end{cases}$	

とができるようになります．たとえば，8.3節で述べる割線法やデリバティブフリー解法ではこの性質を利用して，反復のための計算時間の短縮をはかっています．

4.2.2 係数行列の性質を利用した高速化

連立一次方程式の係数行列は非対称な密行列なので，xGESV関数もしくはxGETRFとxGETRS関数を使えば解くことができるのですが，係数行列の種類が特殊な場合，別の関数を使うことで，計算時間を短縮することができます．例として，実対称行列のケースを見ることにしましょう．

係数行列 A が実対称行列，もしくはエルミート行列であれば，行列 A は対角要素を含む上三角要素，もしくは下三角要素の部分だけ与えられていれば，すべての要素を知ることができます．たとえば，実対称行列 $A \in \mathbb{R}^{4 \times 4}$ を上三角部分だけで表現すると，

$$A = \begin{bmatrix} a_{11} & a_{12} & a_{13} & a_{14} \\ a_{12} & a_{22} & a_{23} & a_{24} \\ a_{13} & a_{23} & a_{33} & a_{34} \\ a_{14} & a_{24} & a_{34} & a_{44} \end{bmatrix} \Longrightarrow \begin{bmatrix} a_{11} & a_{12} & a_{13} & a_{14} \\ * & a_{22} & a_{23} & a_{24} \\ * & * & a_{33} & a_{34} \\ * & * & * & a_{44} \end{bmatrix}$$

とでき，$*$ のところは参照する必要がなくなります．この部分をさらに圧縮した Packed 形式というものもあり，メモリ節約のためには有効なものですが，行列要素の参照が煩雑になるのでここでは扱いません．

実対称行列，エルミート行列の LU 分解は，対角行列 D，下三角行列 L もしくは上三角行列 U を用いて，

$$A = LDL^T = U^T DU, \quad A = LDL^H = U^H DU$$

として分解することができます．これを改良コレスキー分解 (modified Cholesky decomposition) とよびます．すると，LU 分解の手間を半分程度に減らすことができるようになります．実対称行列の場合は

行列・ベクトル積 (BLAS Level 2)　　[S,D]GEMV → [S,D]SYMV
ドライバルーチン　[S,D]GESV → [S,D]SYSV
LU 分解　[S,D]GETRF → [S,D]SYTRF
前進・後退代入　[S,D]GETRS → [S,D]SYTRS

を用いることで，とくに LU 分解部分の計算時間を短縮することができるようになります．

4.3　行列ノルムと条件数：xGECON の使い方

行列の条件数は，連立一次方程式や固有値問題の困難さの指標としてよく使用されます．ここでは，条件数の定義によく使用される行列ノルムの解説から入っていくことにします．

4.3.1　行列ノルム

行列 $A \in \mathbb{C}^{m \times n}$ に対してもノルムを定義できます．よく使用されるのは，ベクトルノルム ($\|\cdot\|_p$, $p = 1, 2, \infty$) を用いて定義されるナチュラルノルム (natural norm) で，ベクトルノルムが $\|\cdot\|_p$ であるとき，行列 $A \in \mathbb{C}^{m \times n}$ のナチュラルノルム $\|A\|_p$ を次のように定義します．

$$\|A\|_p = \max_{\substack{\mathbf{x} \in \mathbb{C}^n, \\ \mathbf{x} \neq \mathbf{0}}} \frac{\|A\mathbf{x}\|_p}{\|\mathbf{x}\|_p} = \max_{\|\mathbf{x}\|_p = 1} \|A\mathbf{x}\|_p$$

このナチュラルノルムは，次のようにして計算できます．

$$\|A\|_1 = \max_{1 \leq j \leq n} \sum_{i=1}^{m} |a_{ij}|, \qquad \|A\|_\infty = \max_{1 \leq i \leq m} \sum_{j=1}^{n} |a_{ij}|$$

また，$A \in \mathbb{R}^{n \times n}$ のとき，A の固有値を $\lambda_i(A)$ とすると，$\|A\|_2$ は

$$\|A\|_2 = \sqrt{\max_{1 \leq i \leq n} |\lambda_i(AA^T)|}$$

となります．とくに，$A^T = A$ のときは

$$\|A\|_2 = \max_{1 \leq i \leq n} |\lambda_i(A)|$$

となります．

また，行列要素をつなげて 1 本の長いベクトルのユークリッドノルムとして計算したものも行列のノルムとなります．これをフロベニウス (Frobenius) ノルムとよびます．

$$\|A\|_F = \sqrt{\sum_{i=1}^{m} \sum_{j=1}^{n} |a_{ij}|^2}$$

たとえば，$A \in \mathbb{R}^{2 \times 2}$ が

$$A = \begin{bmatrix} -1 & -3 \\ -5 & -3 \end{bmatrix}$$

であるとき，$\lambda_1(AA^T) = 22 - 2\sqrt{85}$，$\lambda_2(AA^T) = 22 + 2\sqrt{85}$ ですから，ナチュラルノルム $\|A\|_p$ ($p = 1, 2, \infty$) は，

$$\|A\|_1 = \max\{|-1| + |-5|, |-3| + |-3|\} = \max\{6, 6\} = 6$$
$$\|A\|_\infty = \max\{|-1| + |-3|, |-5| + |-3|\} = \max\{4, 8\} = 8$$
$$\|A\|_2 = \sqrt{\max(|\lambda_1(AA^T)|, |\lambda_2(AA^T)|)} = \sqrt{22 + 2\sqrt{85}}$$

となります．また，フロベニウスノルム $\|A\|_F$ は

$$\|A\|_F = \sqrt{|-1|^2 + |-3|^2 + |-5|^2 + |-3|^2} = \sqrt{44}$$

となります.

1ノルムや無限大ノルムは少し工夫が必要ですが，フロベニウスノルムは BLAS Level 1 の xNRM2 関数（表 3.6）を使って計算することができます.

4.3.2 正方行列の条件数と数値解の相対誤差

連立一次方程式の条件数 (condition number) $\kappa_p(A)$ とは，行列ノルム $\|\cdot\|_p$ を用いて，

$$\kappa_p(A) = \|A\|_p \cdot \|A^{-1}\|_p$$

と表現されたものです．連立一次方程式の解に含まれる相対誤差は，この条件数に比例した上限をもつことが知られています．したがって，条件数が大きいほど，数値解に含まれる誤差は大きくなる可能性があります.

LAPACK で行列の条件数を求めるには，xGECON 関数（**表 4.3**）を使います．ただし，これは条件数の逆数 $1/\kappa_p(A)$ を返す関数です．

xGECON 関数を使用するためには，あらかじめ行列 A のノルムを求め (xLANGE

表 4.3　LAPACK：DGECON 関数

行列 A の条件数の逆数 $1/\kappa_1(A)$ もしくは $1/\kappa_\infty(A)$ を求める	
`#include "lapache.h"` `int LAPACKE_dgecon(`	引数の意味
`  int matrix_order,`	A の格納方式 `LAPACK_ROW_MAJOR`（行優先）, `LAPACK_COL_MAJOR`（列優先）
`  char norm,`	`'1'` のときは $1/\kappa_1(A)$, `'I'` のときは $1/\kappa_\infty(A)$
`  int n,`	A のサイズ (lda × n)
`  const double *a,`	A の格納先ポインタ
`  int lda,`	A のサイズ (lda × n)
`  double anorm,`	$\|A\|_1$ もしくは $\|A\|_\infty$
`  double *rcond` `);`	$1/\kappa_1(A)$ もしくは $1/\kappa_\infty(A)$
返り値	
`int info =` $\begin{cases} 0 & \text{（正常終了）} \\ -i & \text{（}i\text{ 番目の引数が異常値）} \end{cases}$	

表 4.4　LAPACK 補助ルーチン：DLANGE 関数

行列 A の $\|A\|_1$, $\|A\|_\infty$, $\|A\|_F$, $\max_{i,j}|a_{ij}|$ を求める	
`#include "lapache.h"` `double LAPACKE_dlange(`	引数の意味
`  int matrix_order,`	A の格納方式 LAPACK_ROW_MAJOR（行優先）, LAPACK_COL_MAJOR（列優先）
`  char norm,`	'1'：1 ノルム, 'I'：無限大ノルム, 'F'：フロベニウスノルム, 'M'：$\max_{i,j}|a_{ij}|$
`  int m, int n,`	A のサイズ (m × n)
`  const double *a,`	A の格納先ポインタ
`  int lda,` `);`	A の実質サイズ
返り値	
$\|A\|_1$	(norm = '1')
$\|A\|_\infty$	(norm = 'I')
$\|A\|_F$	(norm = 'F')
$\max_{i,j}|a_{ij}|$	(norm = 'M')

関数，表 4.4），xGETRF 関数を用いて行列 A を LU 分解しておく必要があります．条件数の定義は A の逆行列 A^{-1} を使いますが，実際の計算では A の LU 分解を用いて条件数を近似しているからです．

次の例では，$\kappa_1(A) = \|A\|_1 \|A^{-1}\|_1$ と $\kappa_\infty(A) = \|A\|_\infty \|A^{-1}\|_\infty$ を求めています（サンプルプログラム `lapack_dgecon.c` 参照）．

```
// ||A||_1 を計算
norm1 = LAPACKE_dlange(LAPACK_ROW_MAJOR, '1', dim, dim, ma_work, dim);

// A の LU 分解
info = LAPACKE_dgetrf(LAPACK_ROW_MAJOR, dim, dim, ma_work, dim, pivot);
printf("DGETRF info = %d\n", info);

// LU 分解された A の条件数の逆数を計算
info = LAPACKE_dgecon(LAPACK_ROW_MAJOR, '1', dim, ma_work,
dim, norm1, &cond1);

// error occurs if info < 0
if(info < 0)
{
  printf("The %d-th parameter is illegal!\n", -info);
```

```
    return EXIT_FAILURE;
}

// A := A
cblas_dcopy(dim * dim, ma, 1, ma_work, 1);

// ||A||_infの計算
normi = LAPACKE_dlange(LAPACK_ROW_MAJOR, 'I', dim, dim, ma_work, dim);

// AのLU分解
info = LAPACKE_dgetrf(LAPACK_ROW_MAJOR, dim, dim, ma_work, dim, pivot);
printf("DGETRF info = %d\n", info);

// LU分解されたAの条件数の逆数を計算
info = LAPACKE_dgecon(LAPACK_ROW_MAJOR, 'I', dim, ma_work,
dim, normi, &condi);

// error occurs if info < 0
if(info < 0)
{
  printf("The %d-th parameter is illegal!\n", -info);
  return EXIT_FAILURE;
}

// print norm and condition number of A
printf("||A||_1   = %25.17e, cond_1(A)   = %25.17e\n",
norm1, 1.0 / cond1);
printf("||A||_inf = %25.17e, cond_inf(A) = %25.17e\n",
normi, 1.0 / condi);
```

連立一次方程式を直接法で解き，条件数と数値解の各成分の相対誤差の最大値をプロットしたものを図 4.1 に示します（ここで，係数行列各要素は $[-1, 1]$ における一様乱数として与えられています）．条件数が上の折れ線グラフ（値は左軸に対応），数値解の相対誤差の最大値が下の折れ線グラフ（値は右軸に対応）です．

グラフを見ると，条件数と数値解の相対誤差の動きが一致していることがわかります．また，上下の折れ線グラフの変動を比べてみると，数値解の有効桁数は最大 $\log_{10}(\kappa_p(A))$ 桁程度減少する可能性がある，ということもわかります．

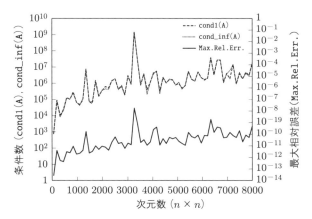

図 4.1 乱数行列の条件数と相対誤差

4.4 直接法の応用事例：混合精度反復改良法

連立一次方程式を解くための直接法のドライバルーチン・計算ルーチンを見てきましたが，ここではそれらを活用した事例を見ていくことにします．

4.4.1 混合精度反復改良法の概要

浮動小数点数演算向けの反復改良法は 1967 年に Moler が提案したもので[8]，基本的な考え方は，8.3 節で述べるニュートン法を連立一次方程式 (1.3) に適用したものになります．

1. 初期値 $\mathbf{x}_0$ を決める．
2. $k = 0, 1, 2, \ldots$ について以下を計算する．

$$\mathbf{r}_k := \mathbf{b} - A\mathbf{x}_k \tag{4.1}$$

$$A\mathbf{z}_k = \mathbf{r}_k \ を\ \mathbf{z}_k\ について解く． \tag{4.2}$$

$$\mathbf{x}_{k+1} := \mathbf{x}_k + \mathbf{z}_k \tag{4.3}$$

理論的には反復する必要はありませんが，現実に有限桁の浮動小数点演算を使用すると丸め誤差の影響で残差 $\mathbf{r}_k$ がゼロにならないため，これを最小化するように複数回の反復を行うことで，ある程度誤差が修正されることが期待できます．しかし

そのためには，残差の計算は高精度で行う必要があります．

4.4.2 直接法ベースの混合精度反復改良法

まず Buttari らが提案した混合精度反復改良法[1] を，LU 分解を用いた直接法に適用したものを見ていくことにします．これは，式 (4.4) の収束条件を満足すれば，通常の連立一次方程式の解法をすべて 10 進 L 桁で計算したときに得られる近似解の精度と同程度の精度が得られる方法です．この方法では，計算の効率を上げるために，式 (4.2) の計算は 10 進 S ($< L$) 桁で実行する必要があります．式 (4.2) は，あらかじめ A を LU 分解しておくと

$$(PLU)\mathbf{z}_k = \mathbf{r}_k$$

となりますので，反復の前に $A = PLU$ として分解しておき（P は部分ピボット選択による行の入れ替えを表現する置換行列），反復過程では前進・後退代入のみ行います．

以上をアルゴリズムの形でまとめると，式 (4.1)～(4.3) は次のようになります．ここで，$P^{[S]}$ は 10 進 S 桁計算時の LU 分解における置換行列を，それ以外の $A^{[S]}$, $\mathbf{b}^{[L]}$ などはそれぞれ 10 進 S 桁，10 進 L 桁の浮動小数点数で表現した行列・ベクトルを意味します．

1. $A^{[L]} := A$, $A^{[S]} := A^{[L]}$, $\mathbf{b}^{[L]} := \mathbf{b}$, $\mathbf{b}^{[S]} := \mathbf{b}^{[L]}$
2. $A^{[S]} := P^{[S]} L^{[S]} U^{[S]}$
3. $(P^{[S]} L^{[S]} U^{[S]}) \mathbf{x}_0^{[S]} = \mathbf{b}^{[S]}$ を $\mathbf{x}_0^{[S]}$ について解く．
4. $\mathbf{x}_0^{[L]} := \mathbf{x}_0^{[S]}$
5. $k = 0, 1, 2, \ldots$ について以下を計算する．
    (a) $\mathbf{r}_k^{[L]} := \mathbf{b}^{[L]} - A \mathbf{x}_k^{[L]}$
    (b) $\mathbf{r}_k^{[S]} := \mathbf{r}_k^{[L]}$
    (c) $(P^{[S]} L^{[S]} U^{[S]}) \mathbf{z}_k^{[S]} = \mathbf{r}_k^{[S]}$ を $\mathbf{z}_k^{[S]}$ について解く．
    (d) $\mathbf{z}_k^{[L]} := \mathbf{z}_k^{[S]}$
    (e) $\mathbf{x}_{k+1}^{[L]} := \mathbf{x}_k^{[L]} + \mathbf{z}_k^{[L]}$
    (f) 次の条件式を満足したら終了：$\|\mathbf{r}_k^{[L]}\|_2 \leq \sqrt{n} \, \varepsilon_R \, \|A\|_F \|\mathbf{x}_k^{[L]}\|_2 + \varepsilon_A$

ここで停止条件に用いている ε_R は，許容可能なノルム相対誤差を指定するために

ユーザが設定する値です．ε_A は，$\mathbf{x} \approx 0$ となるケースを想定して指定する値で，一般には $0 < \varepsilon_A \ll \varepsilon_R$ となるように設定しておきます．

S，L 桁計算時のマシンイプシロン，すなわち浮動小数点数の仮数部の末尾桁に混入する丸め誤差の最小値をそれぞれ ε_S，ε_L と表現すると，次元数 n で決定される定数 $\rho_F(n)$，$\psi_F(n)$，α_F，β_F を用いて

$$\frac{\rho_F(n)\kappa_p(A)\varepsilon_S}{1 - \psi_F(n)\kappa_p(A)\varepsilon_S} < 1 \text{ かつ } \alpha_F < 1$$

であれば

$$\lim_{k \to \infty} \|\mathbf{x} - \mathbf{x}_k\| \leq \frac{\beta_F}{1 - \alpha_F} \|\mathbf{x}\|$$

となり，ノルム相対誤差が $\beta_F/(1-\alpha_F)$ 程度まで小さくなることが期待できます．

以上より，S-L 桁混合精度反復改良法が収束するためには，

$$\kappa_p(A)\varepsilon_S \ll 1 \tag{4.4}$$

でなければなりません．つまり，条件数 $\kappa_p(A)$ が大きければ，それに応じて S を大きくとればよいことになりますが，計算速度の向上は見込めなくなります．条件数が小さければ相応に S を小さくすることもできますが，そもそもこのような良条件の問題に L 桁も必要なのかという疑問が湧いてくることになります．したがって，S-L 桁混合精度反復改良法が有効な場面は

- L 桁計算が必要となる精度が要求されており，$\varepsilon_S^{-1} > \kappa_p(A)$ であるとき．
- S，L が固定されており，S 桁計算が十分に L 桁計算より高速である環境にあるとき．

に限られることがわかります（図 4.2）．LU 分解がなされていれば，4.3.2 項で述べたように，xGECON 関数（表 4.3）を使うことで条件数を事前に見積もることができますので，適用前に混合精度反復改良法の収束条件 (4.4) が十分満足されているかどうかを調べることも可能です．

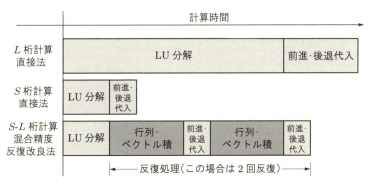

図 4.2　混合精度反復法の計算時間の構成

4.4.3　LAPACK の単精度−倍精度の混合精度反復改良法

LAPACK では，単精度−倍精度の組み合わせによる混合精度反復改良法がサポートされています．

実行列　DSGESV 関数，DSPOSV 関数（正定値対称行列用）
複素行列　ZCGESV 関数，ZCPOSV 関数（正定値エルミート行列用）

実行列の場合，たとえば DGESV 関数を DSGESV 関数（**表 4.5**）で

```
info = LAPACKE_dgesv(LAPACK_ROW_MAJOR, dim, 1, mat_a, dim,
pivot, vec_b, 1);
```
↓
```
info = LAPACKE_dsgesv(LAPACK_ROW_MAJOR, dim, 1, mat_a, dim,
pivot, vec_b, 1, vec_x_approx, 1, &itimes);
```

のように置き換える必要があります．DSGESV 関数では，近似解は `vec_x_approx` に，収束までに要した反復回数は `itimes` に格納されます．反復回数は最大 30 回で，それを超えると DGETRF, DGETRS 関数で計算された値が代入されます．

混合精度反復改良法は，単精度計算が倍精度計算に比べて高速であること，そして条件数が小さいことの両方を満足している必要がありますが，うまく活用できれば相当の高速化が可能です．実際に適用してみた結果を**図 4.3** に示します．図から，次元数が大きいところでは，約 40% の計算時間で済んでいることがわかります．しかし，有効桁数が 1〜3 桁程度悪くなっていることも見てとれます．したがって，計算時間減少が招いた相対誤差の増大に目をつぶることができる場合は，有効な計算

表 4.5 LAPACK：DSGESV 関数

単精度−倍精度の混合精度反復改良法で $\mathbf{b} := A^{-1}\mathbf{b}$ を求める	
`#include "lapache.h"`	引数の意味
`int LAPACKE_dsgesv(`	
`int matrix_order,`	A の格納方式
	`LAPACK_ROW_MAJOR`（行優先）,
	`LAPACK_COL_MAJOR`（列優先）
`int n, int nrhs,`	A のサイズ
`double *a,`	A の格納先ポインタ (n × n)
`int lda,`	解ベクトルの本数
`int *ipiv,`	ピボット列へのポインタ
`double *b,`	$\mathbf{b}$ の格納先 (n × nrhs)
`int ldb,`	$\mathbf{b}$ の本数
`double *x,`	$\mathbf{x}$ の格納先
`int ldx,`	$\mathbf{x}$ の本数
`int *iter`	反復回数
`);`	
返り値	
$\text{int info} = \begin{cases} 0 & (\text{正常終了}) \\ -i & (i\ 番目の引数が異常値) \\ i & (i\ 番目のピボットがゼロ) \end{cases}$	

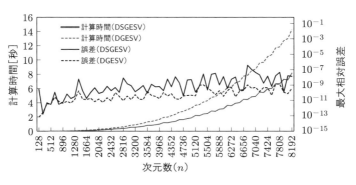

図 4.3 DSGESV と DGESV の計算時間と最大相対誤差

方法といえるでしょう．

4.5 行列の固有値・固有ベクトルを計算する

本節では，標準固有値問題 (1.4) のドライバルーチンと，関連する計算ルーチンのみを見ていくことにします．$A \in \mathbb{R}^{n \times n}$ の固有値 λ と（右）固有ベクトル $\mathbf{x}$ は，前

述したように

$$A\mathbf{x} = \lambda \mathbf{x}$$

という関係にあり，通常，ゼロベクトルは固有ベクトルとはみなしません．したがって，上式を固有ベクトル $\mathbf{x}$ についての連立一次方程式とみなして

$$(A - \lambda I_n)\mathbf{x} = 0$$

というように式変形すると，係数行列 $A - \lambda I_n$ は正則ではないということになります．これは，

$$|A - \lambda I_n| = 0 \tag{4.5}$$

という λ を未知数とする n 次代数方程式（左辺が λ の多項式となる方程式）が成立するということと同じことになります．5 次以上の代数方程式は，有限回の代数的操作（四則演算・有理数のべき乗）で解を求めることは一般には不可能です（解の公式が存在しない）ので，無限回の繰り返しを行うことで固有値・固有ベクトルに収束するアルゴリズムを考えなければなりません．実際には，有限回で計算を打ち切らなければなりませんので，数値的に得られる固有値・固有ベクトルは近似されたものということになります．前章で解説したべき乗法は，絶対値最大の固有値と固有ベクトルをセットで近似するアルゴリズムの一つです．

固有値・固有ベクトル計算のもう一つの厄介な点は，A が実数行列であっても，非対称行列であれば，固有値・固有ベクトルはともに複素数になる可能性があることです．代数方程式 (4.5) が複素数解をもてば固有値は複素数ですので，対応する固有ベクトルも複素数でなければなりません．また，非対称行列の場合は左右固有ベクトルも一般的には異なるものになります．

以上まとめると，固有値・固有ベクトルの計算は

- $n \geq 5$ の場合は，無限回反復を前提とした近似アルゴリズムになる（反復回数が決定できない）．
- 非対称行列の場合は，複素数の固有値・左右固有ベクトルを扱わなければならない．

という 2 点が特徴ということになります．そのため，LAPACK のドライバルーチンも，一般実行列向けの [S,D]GEEV 関数と，実対称行列向けの [S,D]GESY 関数

では引数が異なります.

4.5.1 実対称行列の場合:[S, D]SYEV 関数

実対称行列の例として,ここではフランク (Frank) 行列のすべての固有値と固有ベクトルを求めてみましょう.

$$A = \begin{bmatrix} n & n-1 & \cdots & 2 & 1 \\ n-1 & n-1 & \cdots & 2 & 1 \\ \vdots & \vdots & & \vdots & \vdots \\ 2 & 2 & \cdots & 2 & 1 \\ 1 & 1 & \cdots & 1 & 1 \end{bmatrix}$$

固有値を求める際には,固有方程式を陽に求める(係数を計算する)ことは行わず,行列を相似変換 ($X^{-1}AX$) によって変形することで徐々に収束させていきます.そのため,まず実対称行列 A を三重対角行列 T に変換します.ここで,$S^T = S^{-1}$ は直交行列です.

$$S^T A S = T = \begin{bmatrix} t_{11} & t_{12} & & & \\ t_{21} & t_{22} & t_{23} & & \\ & \ddots & \ddots & \ddots & \\ & & t_{n-1,n-2} & t_{n-1,n-1} & t_{n-1,n} \\ & & & t_{n,n-1} & t_{nn} \end{bmatrix}$$

この結果,$T = S^T A S$ の固有値は A の固有値と同一に保たれますが,固有ベクトルは $\mathbf{y} = S\mathbf{x}$ に変化します.このように,ゼロ成分を増やす操作を行列のリダクション(reduction,減次)とよびます.このリダクションされた行列 T に対して QR 分解とよばれる行列分解法を適用することで,反復1回あたりの計算量を削減することができます.固有値の近似値が計算限界にきたら,計算は自動的に停止されます.

実対称行列の固有値と固有ベクトルを xSYEV 関数(**表 4.6**)を用いてすべて求めるプログラムは,次のようになります.この例では,行優先で行列を格納しています(サンプルプログラム `lapack_dsyev.c` 参照).

```
// Initialize
eig = (double *)calloc(sizeof(double), dim); // 固有値
```

4.5 行列の固有値・固有ベクトルを計算する

```
ma = (double *)calloc(sizeof(double), dim * dim); // 行列
```

行列を ma にセット（略）

```
// solve A * V = \lambda * V
// 'V' ... get eigenvectors
info = LAPACKE_dsyev(LAPACK_ROW_MAJOR, 'V', 'U', dim, ma, dim, eig);

// error occurs if info > 0
if(info > 0)
{
  printf("QR decomposition failed! (%d) \n", info);
  return EXIT_FAILURE;
}
else if(info < 0)
{
  printf("%d-th argument of DSYEV is illegal!\n", info);
  return EXIT_FAILURE;
}
```

表 4.6　LAPACK：DSYEV 関数

実対称行列 A の固有値・固有ベクトルを求める	
`#include "lapache.h"`	引数の意味
`int LAPACKE_dsyev(`	
`int matrix_order,`	A の格納方式
	LAPACK_ROW_MAJOR：行優先,
	LAPACK_COL_MAJOR：列優先
`char jobz,`	'N'：固有値のみ求める,
	'V'：固有ベクトルも求める（A に上書き格納）
`char uplo,`	'U'：A の上三角要素のみ格納,
	'L'：A の下三角要素のみ格納
`int n,`	A のサイズ
`double *a,`	A ($n \times n$) の格納先ポインタ
`int lda,`	A の実質サイズ
`double *w`	A の固有値へのポインタ
`);`	
返り値	
$\text{int info} = \begin{cases} 0 & （正常終了） \\ -i & （i\text{番目の引数が異常値}） \\ i & （i\text{個分のリダクションした非対角要素がゼロに収束しない}） \end{cases}$	

実際に, $n = 10$, 100, 1000 のときのフランク行列の固有値・固有ベクトルを求めた結果を**表 4.7** に示します．絶対値最大・最小固有値と，残差 $\|V^T AV - \Lambda\|_F / \|A\|_F$ (Λ は，固有値を対角成分とする対角行列) を示しています．

表 4.7 SSYEV（上段）と DSYEV（下段）による固有値計算結果

n	絶対値最大の固有値	絶対値最小の固有値	$\|V^T AV - \Lambda\|_F / \|A\|_F$
10	4.4766071e+01	2.5567925e−01	4.27e−07
	4.47660686527150489e+01	2.55679562796437054e−01	5.28e−16
100	4.0935610e+03	2.5005329e−01	1.03e−06
	4.09356047468530687e+03	2.50061082720739403e−01	1.85e−15
1000	4.0568988e+05	−6.3996240e−03	3.33e−06
	4.05690203958447673e+05	2.50000616234888007e−01	5.04e−15

単精度 (SSYEV) では，とくに絶対値最小の固有値の精度が $n = 100$ で 10 進約 4 桁程度，$n = 1000$ ではまったく精度がなく，符号まで異なっていることがわかります．

4.5.2 非対称行列の場合：[S, D]GEEV 関数

実非対称行列の場合は，本節の冒頭で述べたとおり，複素数の固有値・固有ベクトルにも対応できるようにしておく必要があります．また，左固有ベクトル・右固有ベクトルが異なるため，どちらも導出できるようにしておく必要もあります．そのため，実非対称行列用の固有値・固有ベクトル計算用ドライバルーチンである xGEEV 関数 (**表 4.8**) は，左右固有ベクトルを求めるかどうかのオプションが加わっています．

```
info = LAPACKE_dgeev(LAPACK_ROW_MAJOR, 'V', 'V', dim, ma, dim,
re_eig, im_eig, levec, dim, revec, dim);

// error occurs if info ≠ 0
if(info > 0)
{
  printf("QR decomposition failed! (%d) \n", info);
  return EXIT_FAILURE;
}
else if(info < 0)
{
```

```
  printf("%d-th argument of DGEEV is illegal!\n", info);
  return EXIT_FAILURE;
}
```

表 4.8 LAPACK：DGEEV 関数

実行列 A の固有値・固有ベクトルを求める	
`#include "lapache.h"`	引数の意味
`int LAPACKE_dgeev(`	
`int matrix_order,`	A の格納方式
	`LAPACK_ROW_MAJOR`：行優先,
	`LAPACK_COL_MAJOR`：列優先
`char jobvl,`	'N'：固有値のみ求める,
	'V'：左固有ベクトルも求める（vl に格納）
`char jobvr,`	'N'：固有値のみ求める,
	'V'：右固有ベクトルも求める（vr に格納）
`int n,`	A のサイズ
`double *a,`	A ($n \times n$) の格納先ポインタ
`int lda,`	A の実質サイズ
`double *wr,`	A の固有値の実数部へのポインタ
`double *wi,`	A の固有値の虚数部へのポインタ
`double *vl,`	左固有ベクトルへのポインタ
`int ldvl,`	左固有ベクトルの本数
`double *vr,`	右固有ベクトルへのポインタ
`int ldvr`	右固有ベクトルの本数
`);`	
返り値	
`int info` $= \begin{cases} 0 & \text{（正常終了）} \\ -i & (i \text{ 番目の引数が異常値}) \\ i & (i \text{ 個分の固有値を得て収束に失敗}) \end{cases}$	

たとえば，ランダム行列の固有値・固有ベクトルを求めるプログラムは次のようになります．固有値が実数なのか複素数なのかによって，固有ベクトルの格納方法が異なるため，その判別を行って固有ベクトルを `revec`（右固有値）→ `right_ev`，`levec`（左固有値）→ `left_ev` に代入しています（サンプルプログラム `lapack_dgeev.c` 参照）．

```
// 固有ベクトルの再構成
for(i = 0; i < dim; i++)
{
  ceig[i] = re_eig[i] + im_eig[i] * I;
```

```c
    // 固有値が実数のとき
    if(im_eig[i] == 0.0)
    {
      for(j = 0; j < dim; j++)
      {
        right_ev[j * dim + i] = revec[j * dim + i] + 0.0 * I;
        left_ev[j * dim + i] = levec[j * dim + i] + 0.0 * I;
      }
    }
    // 固有値が複素数になる場合
    else if(im_eig[i] > 0.0)
    {
      for(j = 0; j < dim; j++)
      {
          right_ev[j * dim + i]
          = revec[j * dim + i] + revec[j * dim + i + 1] * I;
          left_ev[j * dim + i]
          = levec[j * dim + i]  - levec[j * dim + i + 1] * I;
      }
    }
    else
    {
      for(j = 0; j < dim; j++)
      {
          right_ev[j * dim + i]
          = revec[j * dim + i - 1] - revec[j * dim + i] * I;
          left_ev[j * dim + i]
          = levec[j * dim + i - 1] + levec[j * dim + i] * I;
      }
    }
}

// print
printf("Eigenvalues = \n");
for(i = 0; i < dim; i++)
{
  printf("%3d: ", i);
  printf("(%10g, %10g)\n", re_eig[i], im_eig[i]);
}
printf("\n");
```

たとえば $n = 3$ のとき，

$$A = \begin{bmatrix} 0.840188 & 0.394383 & 0.783099 \\ 0.79844 & 0.911647 & 0.197551 \\ 0.335223 & 0.76823 & 0.277775 \end{bmatrix}$$

に対する固有値 λ_1, λ_2, λ_3 は

$$\lambda_1 = 1.82216, \quad \lambda_2 = 0.103726 + 0.366921\mathrm{i}, \quad \lambda_3 = 0.103726 - 0.366921\mathrm{i}$$

となります．実数行列の固有値は必ず実数か，共役複素数の組となります．

スクラッチから自力で xGEEV 関数と同じ機能と性能をもつプログラムをつくるのは相当困難です．それだけ値打ちの高いドライバルーチンですが，行列 A が対角化可能な場合にのみ有効です．たとえば，実例としてはあまり目にしませんが，2次以上のジョルダンブロックをもつ対角化不可能な行列に対しては有効ではありません（演習問題 4.5 参照）．

演習問題

4.1 演習問題 3.2 の行列 A に対して，次の問いに答えよ．
  (1) 連立一次方程式 $A\mathbf{x} = [-2\ 2]^T$ を解け．
  (2) A のすべての固有値と固有ベクトルを求めよ．

4.2 単精度のドライバルーチン SGESV 関数を用いた連立一次方程式のプログラムをつくり，計算時間と相対誤差の最大値を倍精度のプログラム `lapack_dgesv.c` と比較せよ．また，単精度の LU 分解（SGETRF 関数），前進・後退代入（SGETRS 関数）を独立に行って計算するプログラムをつくり，同様に比較せよ．

4.3 正方行列 A が正則行列であるとき，A の固有値 λ と固有ベクトル $\mathbf{x}$ に対して，逆行列 A^{-1} は

$$A^{-1}\mathbf{x} = \lambda^{-1}\mathbf{x}$$

という関係が成立する．つまり，逆行列 A^{-1} の固有値は A の逆数になり，固有ベクトルは変化しない．この関係を利用して，A^{-1} にべき乗法を適用し，A の絶対値最小の固有値と固有ベクトルを求める方法を逆べき乗法とよぶ．次の問いに答えよ．

(1) 上記の等式が成立することを説明せよ．

(2) べき乗法のプログラムを改良し，xGETRF 関数と xGETRS 関数を使って絶対値最小の固有値と固有ベクトルを求める逆べき乗法のプログラムを書け．

4.4 単精度の固有値計算のドライバルーチン SGEEV 関数を使って固有値・固有ベクトルを求めるプログラムをつくり，倍精度計算のケースと計算時間，固有値の相対誤差を比較せよ．

4.5 次の二つの正方行列 A, B の固有値は 5, 4, 3 のどれかである．これを LAPACK の DGEEV 関数を使って解き，両者の性質の違いについて考察せよ．

$$A = \begin{bmatrix} -133/15 & -15 & -15 & -118/15 & -101/15 \\ 227/30 & 25/2 & 15/2 & 137/30 & 139/30 \\ 19/10 & 5/2 & 15/2 & 9/10 & 3/10 \\ 2/15 & 0 & 0 & 77/15 & 4/15 \\ 58/15 & 5 & 5 & 28/15 & 86/15 \end{bmatrix},$$

$$B = \begin{bmatrix} -53/15 & -32/3 & -32/15 & -64/15 & -128/15 \\ 41/15 & 101/12 & 41/60 & 41/30 & 41/15 \\ 17/5 & 17/4 & 117/20 & 17/10 & 17/5 \\ -8/15 & -2/3 & -2/15 & 71/15 & -8/15 \\ 68/15 & 17/3 & 17/15 & 34/15 & 143/15 \end{bmatrix}$$

5 疎行列用の線型計算ライブラリ

　LAPACK/BLAS では，密行列・密ベクトル，すなわち，すべての要素を一つ残らずメモリ上に保持しておかなくてはいけない行列・ベクトルを取り扱うことを基本としています．しかしすでに見てきたように，上下三角行列や帯行列のように，構造的にゼロ要素が多い行列は非ゼロ要素のみ確保して扱うほうが，演算量やメモリ量の効率的な削減が期待できます．本章では，オリジナルの LAPACK/BLAS では取り扱っていない，ランダムに非ゼロ要素を含む疎行列の扱い方と，それらを扱う LAPACK/BLAS 派生ライブラリの機能の一部を見ていくことにします．

5.1　疎行列とは

　一般に，ゼロ要素の多い行列のことを疎 (sparse) 行列とよびます．すべての要素の半分未満しか非ゼロ要素がないものは疎行列といって差し支えないでしょう．たとえば，

$$A = \begin{bmatrix} 1 & 0 & 2 & 3 \\ 0 & 2 & 0 & 0 \\ 0 & 0 & 3 & 4 \\ 5 & 0 & 0 & 4 \end{bmatrix}$$

という行列と，ベクトル $\mathbf{x} = [x_1\ x_2\ x_3\ x_4]^T \in \mathbb{R}^4$ の積を計算すると，

$$A\mathbf{x} = \begin{bmatrix} 1 & 0 & 2 & 3 \\ 0 & 2 & 0 & 0 \\ 0 & 0 & 3 & 4 \\ 5 & 0 & 0 & 4 \end{bmatrix} \begin{bmatrix} x_1 \\ x_2 \\ x_3 \\ x_4 \end{bmatrix} = \begin{bmatrix} 1 \cdot x_1 + 2 \cdot x_3 + 3 \cdot x_4 \\ 2 \cdot x_2 \\ 3 \cdot x_3 + 4 \cdot x_4 \\ 5 \cdot x_1 + 4 \cdot x_4 \end{bmatrix}$$

となり，本来 $4 \times 4 = 16$ 回の掛け算をしなければならないところが，ゼロ要素があるため 8 回の乗算で済みます．したがって，ゼロ要素の部分の乗算は行わないようにしておけば，計算量を減らすことができます．この程度の要素数ではあまり効果がありませんが，もっと大きなサイズの行列の非ゼロ要素数が全体の 1 割以下とな

れば，大量の計算量やメモリ量の節約が期待できます．

実際，さまざまな分野で疎行列が現れます．それらを集めて公開しているサイトとして著名なものは，Matrix Market[2] と The University of Florida (UF) Sparse Matrix Collection[3] です．Matrix Market では，疎行列を含む行列・ベクトルをファイルに保存するための MTX フォーマットを制定し，MTX フォーマットのデータの入出力のための C，FORTRAN，Matlab プログラムを公開しています．ここでは，C のライブラリである mmio (`mm_io.h`，`mm_io.c`) に定義されている関数に基づいて解説します．

5.2 MTX フォーマット

MTX フォーマットは，大きく配列型 (`array`) と非ゼロ要素の配列位置型 (`coordinate`) に分かれます．前者は密行列を扱うための配列データをそのまま列優先形式で書き出したもので，後者は非ゼロ要素の行番号，列番号，要素値をこの順番に並べて書き出したものです．行番号，列番号は，FORTRAN の配列番号に準じて 1-based index になっています．

その他，データ型としては実数型 (`real`)，複素数型 (`complex`)，整数型 (`integer`)，疎行列パターン (`pattern`) の四つ，行列タイプとしては一般行列 (`general`)，エルミート行列 (`Hermite`)，対称行列 (`symmetric`)，交代行列 (`skew-symmetric`) の四つの行列形式を扱うことができます（表 5.1）．

表 5.1 MTX フォーマットのヘッダ

オブジェクト	格納型	データ型	行列タイプ
type[0]	type[1]	type[2]	type[3]
[M] `matrix`	[C] `coordinate`	[R] `real`	[G] `general`
	[A] `array`	[C] `complex`	[H] `Hermitian`
		[P] `pattern`	[S] `symmetric`
		[I] `integer`	[K] `skew-symmetric`

MTX フォーマットのテキストファイルは，次のように四つの部分から構成されています．

```
%%MatrixMarket matrix coordinate real general  ← (1) ヘッダ部
%-------------------------------------------
% Test Sparse Matrix
```
} (2) コメント部

5.2 MTX フォーマット

```
% [ 5 0 1 0 0 ]
% [ 0 6 0 0 -1 ]
% [ 0 1 7 0 0 ]
% [ 0 1 0 8 0 ]
% [ 0 0 1 0 9 ]
%--------------------------------------
5 5 10
1 1 5
1 3 1
2 2 6
2 5 -1
3 2 1
3 3 7
4 2 1
4 4 8
5 3 1
5 5 9
```

⎫ (2) コメント部

← (3) 行数 列数 非零要素数

⎫ (4) 行番号 列番号 値

(1) ヘッダ部

1 行目には，%%MatrixMarket というプリアンブルから始まるヘッダ部が必ず入ります．プリアンブル以下は，表 5.1 に示す四つの行列情報が記述されます．
たとえば

```
%%MatrixMarket matrix coordinate real general
```

であれば，疎行列の座標型 (coordinate) で，要素値は実数 (real) 型，行列は一般 (general) となります．

ヘッダ部を読み込むには mm_read_banner 関数を，書き出すには mm_write_banner 関数を使います．ここで，fp は MTX ファイルポインタ，matcode は行列データタイプコードを表します．

```
int mm_read_banner(FILE *fp, MM_typecode *matcode)
int mm_write_banner(FILE *fp, MM_typecode matcode)
```

行列データタイプコードは四つの文字型からなる配列で，表 5.1 のヘッダと対応したアルファベット 1 文字が格納されます．上記の例では，

```
MCRG <---> matrix coordinate real general
```

となります．

(2) コメント部

2行目以降の行頭が%で始まる場合は，コメント行として扱われて無視されます．ここには，メモ代わりに行列情報を書いておくとよいでしょう．

(3) 行数，列数，非ゼロ要素数，(4) 行列要素値

配列型 (array) の場合は，すべての要素が列優先の順に書き込まれていますので，行数と列数が配列位置型 (coordinate) の場合は，行数，列数に加えて，非ゼロ要素数を整数として記述します．

たとえば，

$$\begin{bmatrix} 5 & 0 & 1 \\ 0 & 6 & 0 \\ 0 & 1 & 7 \end{bmatrix}$$

という 3×3 の実行列を考えると，密行列型の場合は，次のように記述されます．

```
%%MatrixMarket matrix array real general
%-------------------------------------------
% Test Sparse Matrix
% [ 5 0 1 ]
% [ 0 6 0 ]
% [ 0 1 7 ]
%-------------------------------------------
3 3
5.0
0
0
0.0
6.0
1.0
1.0
0.0
7.0
```

同じ行列でも，疎行列型では次のように非ゼロ要素のみ，1-based index による要素の位置とその値を記述します．このようなデータ形式を COO (rdinate) 形式とよびます．

```
%%MatrixMarket matrix coordinate real general
```

```
%-------------------------------------------
% Test Sparse Matrix
% [ 5 0 1 ]
% [ 0 6 0 ]
% [ 0 1 7 ]
%-------------------------------------------
3 3 5
1 1 5.0
2 2 6.0
3 2 1.0
1 3 1.0
3 3 7.0
```

これらのデータの読み取りは，次のように `mm_read_mtx_crd` 関数を使います．この関数では，データ数に応じて疎行列の要素位置や要素格納用の配列を自動的に確保できるようになっています．

```
mtx_fname = "mm/cage4/cage4.mtx"; // ファイル名

// ヘッダ情報を表示（ファイルが読めるかどうか一度チェックする）
if(mm_print_header_mtx_crd(mtx_fname, 100) != MM_SUCCESS)
  return EXIT_FAILURE;

// read mtx file as coordinate format
mm_read_mtx_crd(mtx_fname, &row_dim, &col_dim, &ma_num_nonzero,
&ma_row_index, &ma_col_index, &ma_val, &matcode);
```

この結果，`mtx_fname` ファイルから読み出された COO 形式の行列データは，

row_dim	行数（整数）
col_dim	列数（整数）
ma_num_nonzero	非ゼロ要素数
ma_row_index	非ゼロ要素の行番号（整数型配列）
ma_col_index	非ゼロ要素の列番号（整数型配列）
ma_val	非ゼロ要素数（倍精度型配列）
mat_code	行列データタイプ

に格納されます．

5.3 Intel Math Kernel の疎行列計算機能

MTX フォーマットのファイルの入出力を行う関数を使うことで，COO 形式の疎行列データの読み書きができるようになります．これを線型計算に利用するためには，疎行列型を扱える BLAS および LAPACK に相当するライブラリが必要となります．ここでは，CPU 用として Intel Math Kernel ライブラリ (IMKL) の疎行列機能を扱います．GPU 上で動作する疎行列ライブラリとしては CUDA パッケージに含まれる cuSPARSE がありますが，これは次章で扱います．

5.3.1 CSR 形式と CSC 形式

IMKL には COO 形式の行列を用いて演算を行う関数が用意されていますが，一般にはもう少しデータの量を減らすための，非ゼロ要素の要素位置を圧縮するデータ型を演算用に使うのが一般的です．代表的なものとして，CSR (compressed sparse row) 形式と，CSC (compressed sparse column) 形式があります．文字どおり，行番号を圧縮するのが前者，列番号を圧縮するのが後者となります．

たとえば，

$$\begin{bmatrix} 5 & 0 & 1 & 0 & 0 \\ 0 & 6 & 0 & 0 & -1 \\ 0 & 1 & 7 & 0 & 0 \\ 0 & 1 & 0 & 8 & 0 \\ 0 & 0 & 1 & 0 & 9 \end{bmatrix}$$

という疎行列を COO 形式で列優先，かつ 0-based index で表現すると，行番号，列番号がもとの MTX 形式に記述されたものより 1 ずつ減って，

row_index	0	0	1	1	2	2	3	3	4	4
col_index	0	2	1	4	1	2	1	3	2	4
val	5.0	1.0	6.0	−1.0	1.0	7.0	1.0	8.0	1.0	9.0

となります．

▶ CSR 形式

もう少し記憶領域を減らす工夫をしてみましょう．COO 形式において，row_index を「行の始まり位置」のみを記憶しておくよう，row_ptr に変更にします．これ

をCSR形式とよびます.

row_ptr	0	2	4	6	8	10			
col_index	0	2	1	4	1	2	1	3	2	4
val	5.0	1.0	6.0	−1.0	1.0	7.0	1.0	8.0	1.0	9.0

row_ptrの最後は「非ゼロ要素数」を格納します.

▶ CSC 形式

同様に,列優先で表現されたCOO形式のうち,col_indexを「列の開始位置」のみを示すcol_ptrに変更したものをCSC形式とよびます.

row_index	0	1	1	3	0	2	4	3	1	4
col_index	0	1	1	1	2	2	2	3	4	4
val	5.0	6.0	1.0	1.0	1.0	7.0	1.0	8.0	−1.0	9.0

↓

row_index	0	1	1	3	0	2	4	3	1	4
col_ptr	0	1	4	7	8	10				
val	5.0	6.0	1.0	1.0	1.0	7.0	1.0	8.0	−1.0	9.0

CSR 同様,col_ptrの最後は「非ゼロ要素数」となります.

5.3.2 疎行列データの変換と演算

疎行列のデータ形式は複雑なので,演算に際してはBLASに似た名前をもつ行列・ベクトル演算関数を使って処理します. COO形式で読み込んだ疎行列データをCSR形式に変換するための関数も用意されています.

▶ 行列・ベクトル積

行列・ベクトル積に関しては,IMKLでは次の関数が用意されています. dimが次元数(= 正方行列の行・列数), x, bがベクトルで, $\mathbf{b} := A\mathbf{x}$ を計算する際には次のように呼び出します.

```
COO  mkl_cspblas_dcoogemv('N', &dim, val, row_index, col_index,
     &num_nonzero, x, b)
CSR  mkl_cspblas_dcsrgemv('N', &dim, val, row_ptr, col_index,
     x, b)
```

▶ COO から CSR への変換

7.5 節で述べる GPU 用の疎行列ライブラリ cuSPARSE には，IMKL とは異なり，COO 形式の行列を直接扱う演算関数が存在しません．また，IMKL では，前述のように COO 形式も扱えますが，CSR 形式を扱える演算関数のほうが豊富に揃っています．したがって，変換用の関数 mkl_dcsrcoo を用いて COO 形式から CSR 形式に変換する必要が出てきます．

この関数は，job[6] 配列に整数を指定することで，さまざまな仕事をさせることができるようになっています．次の例では，0-based index 配列の COO 形式を CSR 形式に変換しています．

```
// Convert COO -> CSR

// job[0] = 0: CSR to COO
//          1: COO to CSR
//          2: COO to CSR and sorting
job[0] = 1;
// job[1] = 0: 0-based index in CSR
//          1: 1-based index in CSR
job[1] = 0;
// job[2] = 0: 0-based index in COO
//          1: 1-based index in COO
job[2] = 0;
// job[3] is not used
job[3] = 0;
// job[4] = nzmax (CSR job[0] = 0) or nnz (COO job[0] = 1, 2)
job[4] = ma_num_nonzero;
// job[5] : job indicator
// CSR -> COO: job[5] = 3 (all allrays are filled), 1(row_index only),
//                      2(col_index only)
// COO -> CSR: job[5] = 0 (all arrays are filled), 1 (ia only), 2
job[5] = 0;

mkl_dcsrcoo(job, &dim, val_csr, ja_csr, ia_csr, &num_nonzero, val,
row_index, col_index, &info);
```

5.4 連立一次方程式を反復法で解く

いままで述べてきた疎行列用の関数を用いて,疎行列 A を係数行列とする連立一次方程式

$$A\mathbf{x} = \mathbf{b} \tag{5.1}$$

の解を反復法 (iteration method) を用いて求めてみましょう.

反復法とは,LU 分解を用いた直接法とは異なり,近似値 $\mathbf{x}_{k+1}$ を漸化式

$$\mathbf{x}_{k+1} := M\mathbf{x}_k + \mathbf{c} \quad (M \in \mathbb{R}^{n \times n},\ \mathbf{c} \in \mathbb{R}^n) \tag{5.2}$$

で計算する方法の総称です.この反復式は,式 (5.1) と共通の解 $\mathbf{x}$ をもつようにつくられます.すでに 3.3.1 項で示したヤコビ反復法は,その一種です.また,クリロフ部分空間法とよばれる反復法のグループがあり,現在も盛んに研究が行われています.

ここではヤコビ反復法(サンプルプログラム `jacobi_iteration_mkl.c`,`jacobi_iteration_csr_mkl.c` 参照)と,クリロフ部分空間法の一つである BiCGSTAB 法(サンプルプログラム `bicgstab_mkl.c`,`bicgstab_csr_mkl.c` 参照)を使ってみます.これらのアルゴリズムは,行列・ベクトル積とベクトル演算だけから構成されています.

5.4.1 ヤコビ反復法

すでに見てきたとおり,ヤコビ反復法の反復式 (3.1) を式 (5.2) の形で書けば,

$$\mathbf{x}_{k+1} := J\mathbf{x}_k + \mathbf{c}$$

となります.ここで,

$$J = \begin{bmatrix} 0 & -a_{12}/a_{11} & \cdots & -a_{1n}/a_{11} \\ -a_{21}/a_{22} & 0 & \ddots & \vdots \\ \vdots & \ddots & \ddots & -a_{n-1,n}/a_{n-1,n-1} \\ -a_{n1}/a_{nn} & \cdots & -a_{n,n-1}/a_{nn} & 0 \end{bmatrix},\quad \mathbf{c} = \begin{bmatrix} b_1/a_{11} \\ b_2/a_{22} \\ \vdots \\ b_n/a_{nn} \end{bmatrix}$$

となります.

ヤコビ反復法は素朴で実装しやすく, 疎行列にも比較的楽に適用できますが, 収束条件が狭く, 収束のスピードも速くありません.

5.4.2 BiCGSTAB 法

クリロフ部分空間法は, 現在に至るまでさまざまなバリエーションが存在しています. 詳細は, 参考文献 [6], [11] を読むことをお勧めします. ここでは比較的収束しやすく, アルゴリズムが簡単な BiCGSTAB 法を紹介します.

$\mathbf{x}_0$: 初期値
$\mathbf{r}_0$: 初期残差 $(\mathbf{r}_0 = \mathbf{b} - A\mathbf{x}_0)$
$\tilde{\mathbf{r}}$: $(\mathbf{r}_0, \tilde{\mathbf{r}}) \neq 0$ を満足する任意ベクトル. たとえば $\tilde{\mathbf{r}} = \mathbf{r}_0$.
K: 前処理行列 (前処理なしの場合は $K = I_n$)
for $i = 1, 2, \ldots$

$\quad \rho_{i-1} = (\tilde{\mathbf{r}}, \mathbf{r}_{i-1})$
$\quad$ if $\rho_{i-1} = 0$ then 終了.
$\quad$ if $i = 1$ then

$\qquad \mathbf{p}_1 = \mathbf{r}_0$

$\quad$ else

$\qquad \beta_{i-1} = (\rho_{i-1}/\rho_{i-2})(\alpha_{i-1}/\omega_{i-1})$
$\qquad \mathbf{p}_i = \mathbf{r}_i + \beta_{i-1}(\mathbf{p}_{i-1} - \omega_{i-1}\mathbf{v}_{i-1})$

$\quad$ end if
$\quad \hat{\mathbf{p}}$ を $K\hat{\mathbf{p}} = \mathbf{p}_i$ を解いて求める.
$\quad \hat{\mathbf{v}}_i = A\hat{\mathbf{p}}$
$\quad \alpha_i = \rho_{i-1}/(\tilde{\mathbf{r}}, \mathbf{v}_i)$
$\quad \mathbf{s} = \mathbf{r}_{i-1} - \alpha_i \mathbf{v}_i$
$\quad$ if $\|s\|$ が十分に小さい then

$\qquad \mathbf{x}_i = \mathbf{x}_{i-1} + \alpha_i \hat{\mathbf{p}}$
$\qquad$ 終了.

$\quad$ end if

$\hat{\mathbf{s}}$ を $K\hat{\mathbf{s}} = \mathbf{s}$ を解いて求める.

$\mathbf{t} = A\hat{\mathbf{s}}$

$\omega_i = (\mathbf{t}, \mathbf{s})/(\mathbf{t}, \mathbf{t})$

$\mathbf{x}_i = \mathbf{x}_{i-1} + \alpha_i \hat{\mathbf{p}} + \omega_i \hat{\mathbf{s}}$

収束判定

$\mathbf{r}_i = \mathbf{s} - \omega_i \mathbf{t}$

$\omega_i \neq 0$ であれば反復続行.

end for

クリロフ部分空間法はその名のとおり，残差と行列べきの積でつくられたベクトル $\{\mathbf{r}, A\mathbf{r}, A^2\mathbf{r}, \ldots\}$ で張られる線型部分空間（クリロフ部分空間）のベクトルを生成して近似解を構成していきます．直交性を利用しているところが多々あり，丸め誤差の影響を受けやすいことが知られています．そのため，必ずしも収束するとは限らず，前処理行列 $K \approx A$ を使って収束を早める手法も併用されます．

5.4.3 数値実験

疎行列の例として，Matrix Market から $A^{9801 \times 9801}$ のランダム疎行列 t2d_q4 を使用します．図 5.1 (a) に示すとおり，ほぼ対角成分のごく近くにのみ非ゼロ要素が集中しており，良条件の非対称行列です．真の解 $\mathbf{x}$ は

$$\mathbf{x} = [1\ 2\ \ldots\ n]^T$$

を使用しました．また，収束条件は

$$\|\mathbf{r}_k\|_2 < \varepsilon_R \|\mathbf{r}_0\|_2 + \varepsilon_A$$

とし，相対許容度 (relative tolerance) は $\varepsilon_R = 10^{-10}$，絶対許容値 (absolute tolerance) は $\varepsilon_A = 0$ としました．つまり，残差が 10 桁程度小さくなったところで止めていることになります．ヤコビ反復法，BiCGSTAB 法それぞれの $\|\mathbf{r}_k\|_2$ の推移は図 5.1 (b) のようになります．

ヤコビ反復法は結局 2 万回の反復を要して 7 秒ほど，BiCGSTAB 法は 200 回未満で収束して 0.1 秒で計算を終了しました．この問題では両アルゴリズムは収束しましたが，どちらも収束しない問題はたくさん存在します．反復法では収束性は保

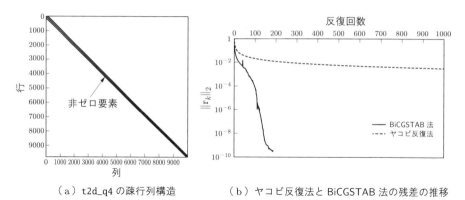

(a) t2d_q4 の疎行列構造　　（b）ヤコビ反復法と BiCGSTAB 法の残差の推移

図 5.1　Intel Math Kernel を用いた t2d_q4 の数値実験

証されませんので，確実に解を求めたければ，前処理を行うか，ほかの反復法を試すか，直接法を使うかのいずれかしかありません．

一般に，次元の大きな疎行列を係数行列としてもつ連立一次方程式を直接法で解くことは，帯行列を除いてフィルイン（ゼロ要素が非ゼロ要素に転じること）が発生する可能性が高くなり，結果として計算時間が長くなることがありえます．疎行列用の直接法をなるべく効率的に行うための CSparse ライブラリが UF Sparse Collection から提供されていますので，精度のよい数値解が必要な場合は使ってみるとよいでしょう．

6　並列化の方法

コンピュータの構造の骨組みについては第1章で示しましたが，現在のコンピュータは，市場からの止むことのない性能向上の要求に答えつつ，製造コストの低減を目指した結果，かなり複雑なものになっています．すでに見てきたとおり，キャッシュメモリというものがCPUに組み込まれているのも，バスやRAMとのデータ通信速度を一律に上げることがコスト的に厳しいからです．21世紀に入ってからは，周波数と同時処理可能なビット数の向上が難しいことから，図1.4に示したとおり，ハードウェアの性能向上も，処理そのものの効率化をはかるとともに，処理を行う主要回路（コア）を複数備えたマルチコア (multicore) 構造にすることで達成するようになっています．本章では，マルチコアCPUを効率的に使うための技法に触れ，それを生かしたLAPACK/BLAS互換のライブラリの性能向上の実例を見ていきます．

6.1　マルチコア，プロセス，スレッド

現在のコンピュータ上では，複数のプログラム（プロセス）がコンピュータの資源（CPU，メモリなど）を共有しつつ，同時に動作しています．そして一つのプロセスの中ではさらに複数の処理を，スレッド (thread) という単位に分けて，同時にこなすことができるようになっています（図6.1）．これをマルチスレッドとよびます．すべてのスレッドは同じマシン内で実行されていますから，たとえば行列Aのデータが同じマシン内の同じRAM内に収められていれば，どのスレッドからでも共通の行列Aにアクセスすることができます．

現在のコンピュータに搭載されているCPUは，ハードウェアコアを複数備えたマルチコアタイプのものが主流ですので，コアに余裕があれば，一つのプロセス内のスレッドが複数のコアを占有して使うことが可能となります．したがって，マルチコアをマルチスレッドで使うことで，ベクトルや行列の演算時間を短縮させることができます．

たとえば，実行列Aとベクトル$\mathbf{x}$の積$\mathbf{b} := A\mathbf{x}$を計算する場合，行列$A$を行方向に4分割して

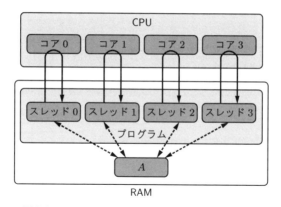

図 6.1　マルチコア CPU とマルチスレッドプロセス

$$A = \begin{bmatrix} A_1 \\ A_2 \\ A_3 \\ A_4 \end{bmatrix}$$

とし，行列・ベクトル積 $A\mathbf{x}$ を

$$\mathbf{b} := \begin{bmatrix} A_1\mathbf{x} \\ A_2\mathbf{x} \\ A_3\mathbf{x} \\ A_4\mathbf{x} \end{bmatrix} \tag{6.1}$$

として分割して計算し，それぞれ $A_i\mathbf{x}$ の計算を $i-1$ 番目のスレッドで計算させると，それぞれの計算は互いに依存するところがないので，並列に実行させることができることになります（図 6.2）．

　一つのプログラム内で複数のスレッドを動作させ，複数のコアを効率的に使用する標準的なプログラミング手法の一つに，Pthread (POSIX thread) ライブラリがあります．ただし，関数呼び出し方法が煩雑になるため，線型計算ではコンパイラの pragma マクロが活用できる OpenMP がよく使われています．以下，行列・ベクトル積 (6.1) を Pthread, OpenMP で並列に計算するプログラム例を示します．Pthread, OpenMP の環境設定については，サポートページをご覧ください．

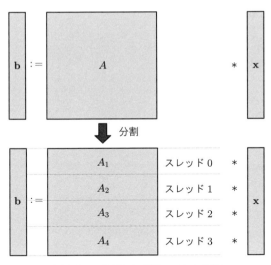

図 6.2　4 分割した行列・ベクトル積

6.1.1　Pthread ライブラリによる並列化

Pthread ライブラリは，`pthread_` が接頭詞となる関数群から成り立っています．最も基本となる関数は，

スレッド生成　`pthread_create` 関数
スレッド同期　`pthread_join` 関数

の二つになります．`pthread_create` 関数にはスレッドとして呼び出して実行する関数とその引数（構造体へのポインタ）を指定し，`pthread_join` 関数で同期して終了します．

スレッドごとに異なる処理に対応するため，スレッドとして呼び出される関数に渡す引数は void 型ポインタと規定し，その中に必要となる共有メモリへのポインタやデータを構造体にしてまとめて詰め込みます．たとえば，行列・ベクトル積を分割して各スレッドに割り当てて計算させるには，行列 A，ベクトル x，行列・ベクトル積格納先 b，そして行列・ベクトルの次元数が必要となりますが，それを詰め込んだ構造体を `packed_my_matvec_mul_t`，これを引数とするスレッド関数を `thread_my_matvec_mul` とすると，各スレッドでの計算は次のように書けます（サンプルプログラム `my_matvec_mul_pt.c` 参照）．

第6章 並列化の方法

```c
/* Struct for Thread */
typedef struct {
  double *vec_b;
  double *mat_a;
  int row_dim;
  int col_dim;
  double *vec_x;

  int i; // i th row
  int num_threads, thread_index;
} packed_my_matvec_mul_t;

/* parallelized computation */
void *thread_my_matvec_mul(void *arg_org)
{
  packed_my_matvec_mul_t *arg;
  int i, j, row_index, row_dim, col_dim;
  double *vec_b, *mat_a, *vec_x;

  arg = (packed_my_matvec_mul_t *)arg_org;

  vec_b = arg->vec_b;
  mat_a = arg->mat_a;
  row_dim = arg->row_dim;
  col_dim = arg->col_dim;
  vec_x = arg->vec_x;
  i = arg->i;

  vec_b[i] = 0.0;
  row_index = row_dim * i;

  for(j = 0; j < col_dim; j++)
    vec_b[i] += mat_a[row_index + j] * vec_x[j];
}
```

　スレッドとして呼び出す関数や引数の構造体が準備できたら，それらを各スレッドに割り当てて呼び出す関数 `pthraed_my_matvec_mul` を次のように記述します．使用するスレッド数は `num_thread` 引数に指定します．コア数以上のスレッド数を割り当てることもできますが，コア数以上の性能向上は見込めませんので，通常はコア数以下のスレッド数を割り当てます．

```
// Parallelized LU
int _pthread_my_matvec_mul(double *vec_b, double *mat_a, int row_dim,
 col_dim, double *vec_x, long int num_threads)
{
  int thread_i, i;
  pthread_t thread[128];
  packed_my_matvec_mul_t *th_arg[128];

  /* not necessary to be parallelized */
  if(num_threads <= 1)
  {
    my_matvec_mul(vec_b, mat_a, row_dim, col_dim, vec_x);
    return 0;
  }

  // メインループ
  for(i = 0; i < row_dim; i += num_threads)
  {
    // Initialize argument for pthread
    for(thread_i = 0; thread_i < num_threads; thread_i++)
    {
      th_arg[thread_i] = (packed_my_matvec_mul_t *)malloc(
      sizeof(packed_my_matvec_mul_t));
      th_arg[thread_i]->vec_b = vec_b;
      th_arg[thread_i]->mat_a = mat_a;
      th_arg[thread_i]->row_dim = row_dim;
      th_arg[thread_i]->col_dim = col_dim;
      th_arg[thread_i]->vec_x = vec_x;
      th_arg[thread_i]->i = i + thread_i;
      th_arg[thread_i]->num_threads = num_threads;
      th_arg[thread_i]->thread_index = thread_i;
    }

    // Creat threads
    for(thread_i = 0; thread_i < num_threads; thread_i++)
       pthread_create(&thread[thread_i], NULL, thread_my_matvec_mul,
       (void *)th_arg[thread_i])

    // Join threads
    for(thread_i = 0; thread_i < num_threads; thread_i++)
```

```
        pthread_join(thread[thread_i], NULL);
    }

    return 0;
}
```

たとえば，4 コアの CPU に対して 4 スレッドを呼び出したとすると，図 6.3 のような流れになります．

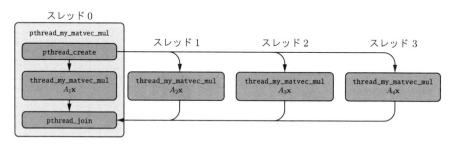

図 6.3　Pthread による行列・ベクトル積の並列化

実際にスレッドをコアに割り当てるのは OS の役割になりますので，同時に複数コアを使用する重いプロセスが走っていると，すべてのスレッドを同時に実行できず，想定よりも性能が向上しないということが起こりえます．

6.1.2　OpenMP による並列化

Pthread は一番原始的なスレッドの生成方法ですので現在でも使用可能ですが，このような関数の書き換えを人力で行うのはつらいものがあります．もう少し楽にマルチスレッドプログラムを書く方法として，pragma マクロを活用した OpenMP があります．実際に行列・ベクトル積を OpenMP で並列化したプログラムは，`my_matvec_mul_omp.c` を参照してください．

たとえば，行列・ベクトル積を複数スレッドに割り当てたいのは 2 重ループ部分だけですから，そこだけをマルチスレッド化するには，

```
#pragma omp parallel for private(各スレッドに割り当てるローカル変数)
```

というマクロを指定することで実現できます．

OpenMP が有効な環境・コンパイラでのみ使用するためには，さらに _OPENMP マ

クロが有効かどうかを確認することで実現できます.

```c
// my_matvec_mul: vec_b := mat_a * vec_x
#ifdef _OPENMP
void my_matvec_mul_omp(double *vec_b, double *mat_a, int row_dim,
int col_dim, double *vec_x)
{
  int i, j, row_index;

  // メインループ
  #pragma omp parallel for private(j)
  for(i = 0; i < row_dim; i++)
  {
    printf("Thread No. %d:\n", omp_get_thread_num());
    vec_b[i] = 0.0;
    row_index = row_dim * i;

    for(j = 0; j < col_dim; j++)
      vec_b[i] += mat_a[row_index + j] * vec_x[j];
  }
}
#endif //_OPENMP
```

こうしてマルチスレッド化した `matvec_mul_omp` 関数は，図 6.4 のように，Pthread 同様，行列・ベクトル積を分割して実行することができるようになります.

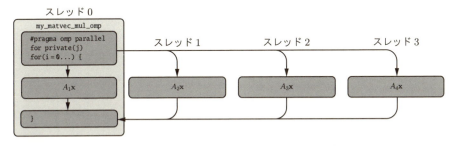

図 6.4　OpenMP による行列・ベクトル積の並列化

現在の主要なコンパイラでは，OpenMP ディレクティブに対応しているものが多いので，以下，本書でも CPU 向けの並列化は OpenMP で行うようにします. ほかにもさまざまな pragma 命令オプションや関数が使えますので，詳細については参考文献 [13] などを参照してください.

6.2 直接法の並列化

LU 分解＋前進代入・後退代入で連立一次方程式を解く直接法の並列化を，OpenMP を使って行ってみましょう．行列・ベクトル積とは異なり，順番どおりに行わなければならない処理が大きいため，並列化できる部分はごく限られたものになります．以下，サンプルプログラム `my_linear_eq_omp.c` に基づいて，並列化の方法を解説していきます．

6.2.1 並列 LU 分解

LU 分解の場合，左上から右下に掛けて，順番に (1) 列方向の消去 → (2) 行方向の計算を行う必要があり，並列化はピボットを決めた後の (1) と (2) の計算部分にしか行えません（図 6.5）．

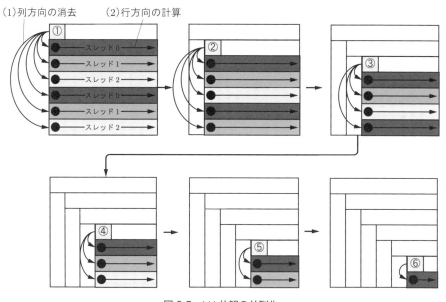

図 6.5 LU 分解の並列化

プログラムとしては，たとえば

```
// 前進消去
for(i = 0; i < dim; i++)
```

```
{
  (略)

  #pragma omp parallel for private(k, row_index_j) // <---並列化
  for(j = i + 1; j < dim; j++)
  {
    row_index_j = pivot[j] * dim;
    mat_a[row_index_j + i] /= pivot_aii;

    for(k = i + 1; k < dim; k++)
      mat_a[row_index_j + k]
        -= mat_a[row_index_j + i] * mat_a[row_index_i + k];
  }
}
```

というように，(1) → (2) の計算をひとかたまりとして並列に計算していくことができます．

6.2.2 並列前進・後退代入

前進代入・後退代入も，それぞれ代入方向は逐次的に行う必要があるため，並列化できるのは 1 行分・1 列分の代入計算の部分だけということになります（図 6.6）．図では，LU 分解同様，各スレッドが担当する計算部分を同じ色で示しています．縦方向の矢印は，一番外側の for ループで繰り返している計算単位を表しています．

したがって，前進代入・後退代入それぞれのループ内で並列化を行うことになります．

```
// ベクトル列の計算：前進代入
for(j = 0; j < dim; j++)
{
  vec_x = vec_b[pivot[j]];

  #pragma omp parallel for  // 並列化
  for(i = j + 1; i < dim; i++)
    vec_b[pivot[i]] -= mat_a[pivot[i] * dim + j] * vec_x;
}

// 後退代入
```

```
for(i = dim - 1; i >= 0; i--)
{
  vec_x = vec_b[pivot[i]];
  row_index_i = pivot[i] * dim;

  #pragma omp parallel for reduction(-: vec_x)   // 並列化
  for(j = i + 1; j < dim; j++)
    vec_x -= mat_a[row_index_i + j] * vec_b[pivot[j]];

  vec_b[pivot[i]] = vec_x / mat_a[row_index_i + i];
}
```

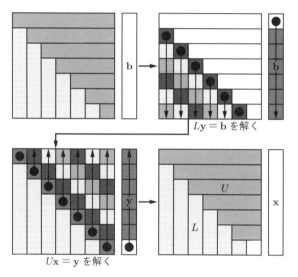

図 6.6 前進代入・後退代入の並列化

6.3 Intel Math Kernel の並列化機能

　以上見てきたように，Pthread や OpenMP を使うことでマルチコア CPU を使って並列化を行うことができます．しかし，すべての LAPACK/BLAS の機能を独力でマルチスレッド化するのは大変な労力がかかります．そこで，すでにマルチスレッド化された LAPACK/BLAS 互換のライブラリを使うことで，1 CPU 向けに書いたプログラムをそのまま並列化させることを考えてみましょう．ここでは，Intel Math Kernel の例を示すことにします．

6.3 Intel Math Kernel の並列化機能

Intel Math Kernel の並列化された LAPACK/BLAS 関数を使うと，ソースコードにはほんの少しの追加を行うことで，並列化を自動的に行うことができます．プログラムの実行時に，環境変数として `MKL_NUM_THREADS` に最大使用スレッド数をセットしておき，プログラムの中で

```
max_num_threads = mkl_get_max_threads();
printf("Max Number of Threads: %d\n", max_num_threads);
mkl_set_num_threads(max_num_threads);
```

のように，使用可能なスレッド数を取り出して並列化を行います．この場合，OpenMPによるディレクティブの宣言は一切不要です．

実際にこの機能を使って，DGEMM による行列積計算（図 6.7）や，DGEMV 関数を用いた行列・ベクトル積（図 6.8）がどの程度高速になるかを計測してみましょう．複数スレッドを使用した場合の計算時間で，並列化しない場合の計算時間を割ったものを並列化効率とよびます．理想的には「並列化効率 ≈ スレッド数」と

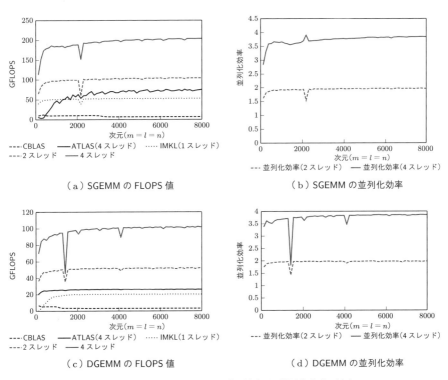

図 6.7 xGEMM の FLOPS 値（左）と並列化効率（右）

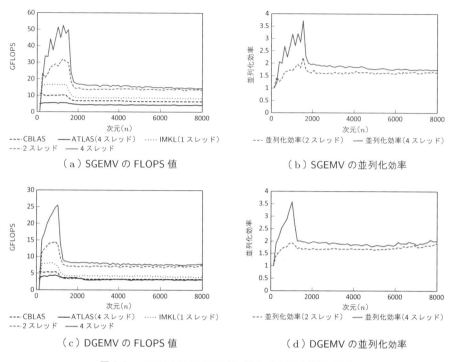

図 6.8　xGEMV の FLOPS 値（左）と並列化効率（右）

なることが期待されますが，実際にはスレッド生成，同期に要する時間，ほかのプロセスの割り込みなどが入るため，「並列化効率＜スレッド数」なります．

行列積の並列化効率がほぼ理想値（≈ スレッド数）となっているのに対し，行列・ベクトル積はかなり低いものにとどまっていることがわかります．とくに，行列・ベクトルのサイズが大きくなるにつれて並列化効率が下がっています．

本書では並列化技法について詳細に踏み込みませんでしたが，処理速度を上げるための技法はアルゴリズムごとに異なり，並列化効率も変化します．自分が使いたい LAPACK/BLAS 関数の並列化効率がどうなっているかについては，自分の計算機環境で確認するようにしましょう．

演習問題

6.1 OpenMP による LU 分解，前進・後退代入の並列化によってどの程度の性能向上が見込めるかを考え，実際に自分のマルチコア CPU 環境に応じたスレッド数で実行し，

どの程度の性能向上が可能なのかを調べよ．

6.2 （研究課題）Intel Math Kernel が使用可能であれば，DGESV，DGEEV 関数の並列化効果を調べよ．

7 GPU 上の LAPACK/BLAS：cuBLAS と MAGMA，cuSPARSE

　現在のコンピュータに搭載されている CPU はマルチコアタイプが主流で，並列化可能なアルゴリズムであれば，コア数分だけスピードアップできる可能性があることは，前章ですでに実例を見てきました．近年はさらに多数のコアを搭載した，CPU とは別の拡張カードをアクセラレータ（演算高速化用ハードウェア）として利用することも一般的になりつつあります．本章では，グラフィックスカードをアクセラレータとして活用する CUDA アーキテクチャの概要と，CUDA のもとで利用できる LAPACK/BLAS 互換の API を備えたライブラリである MAGMA/cuBLAS の利用方法を見ていくことにします．

7.1　GPU と CUDA プログラミング

　GPU は，精細なコンピュータグラフィックスを高速に描画するためにつくられたハードウェアです．大量のビットマップ（画面上の画素）に 24 ビットフルカラーを描画するため，単純なアーキテクチャで低速ではありますが，大量の演算器を搭載しているところが特徴です（図 7.1）．マルチコア CPU に対して，メニーコア(many cores) という名称を使うこともあります．

　コンピュータの利用用途として，高性能計算のニーズより，ゲームやアニメーションを作成するニーズが高まったことから，GPU は CPU とは別のハードウェアとして発展してきました．1990 年代は多様なグラフィックスカードを製造販売するメーカーが群雄割拠する状態となりましたが，最終的には，CPU にグラフィックス機能を搭載した Intel 社を除けば，GPU の主要メーカーは NVIDIA 社と AMD 社（CPU メーカーと統合）の二強に集約され，現在に至っています．

　このうち NVIDIA 社は，早くから GPU にグラフィックス以外の計算処理も担わせるためのハードウェアアーキテクチャ CUDA[9] と開発ソフトウェア CUDA Toolkit の提供を行いました．図 1.4 の年表が示すように，2006 年 11 月に CUDA アーキテクチャの構想を発表，翌年 2007 年 6 月に CUDA Toolkit Version 1.0 を発表し，2016 年 10 月現在の最新バージョンは 8.0 となっています．

7.1 GPUとCUDAプログラミング

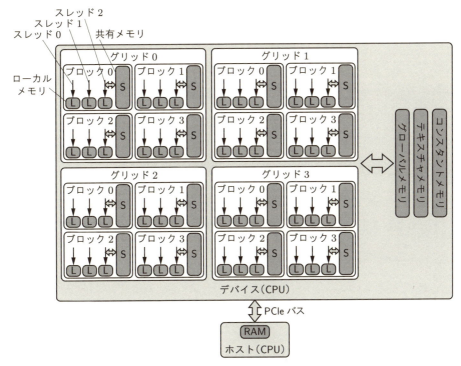

図7.1 GPUのアーキテクチャ

CUDA Toolkit は，CUDA コンパイラドライバ（NVCC，7.2.3項参照），PTX アセンブラ（GPU が直接処理するアセンブラ），サンプルプログラム，ドキュメント類が同梱されたもので，cuFFT（高速フーリエ変換，Fast Fourier Transform）や 7.3 節で述べる線型計算ライブラリ cuBLAS，疎行列を扱う cuSPARSE，連立一次方程式ソルバや固有値計算の機能をもった cuSolve も合わせて提供されています．現在発売されているコンシューマ向けの NVIDIA 社グラフィックスカードに用いられている GPU（GTX，Tesla，Quadro シリーズ）にはすべてこの CUDA 機構が搭載されていますが，高速に計算できるのは単精度計算であるものが多く，倍精度計算を高速に行うには，科学技術計算用の GPU である Tesla シリーズの利用が不可欠です．

なお，Intel CPU/MIC（Many Integrated Core）コプロセッサや，AMD 社の GPU である Radeon シリーズ上でも計算処理機能を提供することができる OpenCL 規格[7]も CUDA 登場後に提唱され，NVIDIA 社の GPU でもこの OpenCL 規格

に則った機能を用いてプログラミングは可能です．しかし現状，OpenCL 向けの，とくに線型計算ライブラリとしては clMAGMA[10] しか存在しておらず，プログラミング環境も CUDA Toolkit に比べて見劣りしています．今後，OpenCL 規格がどのメーカーのハードウェア上でも使用できて，開発環境が整ってくれば有力な選択肢になる可能性はありますが，著者の使用経験が不足しているため，本書では扱いません．CUDA の環境設定については，サポートページをご覧ください．

7.2　CUDA プログラミング例：DAXPY 関数

CUDA プログラミングの例として，BLAS Level 2 の DAXPY 相当の関数（表 3.3）を実装してみます．ここでは

$$\alpha = \sqrt{2}, \quad \mathbf{x} = \sqrt{2}\,[1\ 2\ \cdots\ n]^T, \quad \mathbf{y} = \sqrt{3}\,[n\ n-1\ \cdots 1]^T$$

として，

$$\mathbf{y} := \alpha \mathbf{x} + \mathbf{y}$$

を計算します．

GPU で計算を行う手順は，おおむね次のようになります．

1. 計算に必要なデータを CPU（ホスト側）から GPU（デバイス側）のグローバルメモリに転送
2. 1 ブロック単位で複数スレッドを起動してカーネル関数を実行
3. 計算結果をホスト側に転送

カーネル関数は，Pthread や OpenMP 同様，並列に複数スレッドで動作することを前提とした記述を行う必要があります．

以下，この手順に沿ってどのように DAXPY 計算を行っているのかを，サンプルプログラム `mycuda_daxpy.cu` の記述に基づいて簡単に説明します．

7.2.1　メイン関数の処理

まず，ベクトル $\mathbf{x}$, $\mathbf{y}$ を GPU のグローバルメモリに転送します．そのためにまず `cudaMalloc` 関数を用いてメモリを GPU 上に確保します．ここでは，`mycuda_calloc`

という関数から cudaMalloc 関数を呼び出しています．

```
// host to device
dev_alpha = (double *)mycuda_calloc(1, sizeof(double));
dev_x = (double *)mycuda_calloc(dim, sizeof(double));
dev_y = (double *)mycuda_calloc(dim, sizeof(double));
```

CPU（ホスト側）と GPU（デバイス側）の値のやり取りは cudaMemcpy 関数を使用します．ここでは，ホスト側からデバイス側に

ホスト側	→ デバイス側
host_alpha	→ dev_alpha
host_x	→ dev_x
host_y	→ dev_y

と，変数間でコピーを行っています．ただし，変数 host_alpha に α の値が，配列 host_x と host_y に x, y が収まっているものとします．

```
// host_x -> dev_x
// host_y -> dev_y
cudaMemcpy((void *)dev_alpha, (void *)&host_alpha, sizeof(double),
cudaMemcpyHostToDevice);
cudaMemcpy((void *)dev_x, (void *)host_x, dim * sizeof(double),
cudaMemcpyHostToDevice);
cudaMemcpy((void *)dev_y, (void *)host_y, dim * sizeof(double),
cudaMemcpyHostToDevice);
```

次に，次項で述べる mycuda_daxpy 関数を用いて，GPU 上で DAXPY 計算を行います．その後，cudaMemcpy 関数を用いて dev_y に入っている計算結果を CPU 上の host_y に書き戻し，その結果を表示しています．

```
// y := alpha * x + y on GPU
mycuda_daxpy(dim, dev_alpha, dev_x, 1, dev_y, 1);

// dev_y -> host_x
cudaMemcpy((void *)host_x, (void *)dev_y, dim * sizeof(double),
cudaMemcpyDeviceToHost);

printf_dvector("%d %25.17e\n", host_x, dim, 1);
```

以上がメイン関数の処理です．なお，ここで呼び出される mycuda_daxpy 関数は，

GPU 上で実行されるカーネル関数 mycuda_daxpy_kernel を並列時実行するグローバル関数です．

7.2.2 カーネル関数の実行と定義

カーネル関数 mycuda_daxpy_kernel を呼び出して並列実行させるための関数 mycuda_daxpy は次のようになります．

```
// Maximum threads per a block
#define MAX_NUM_THREADS_CUDA 8

// y := alpha * x + y
void  mycuda_daxpy(int dim, double *dev_alpha, double dev_x[],
int x_step_dim, double dev_y[], int y_step_dim)
{
  dim3 threads(MAX_NUM_THREADS_CUDA);
  dim3 blocks(1);

  threads.x
  = (dim > MAX_NUM_THREADS_CUDA) ? MAX_NUM_THREADS_CUDA : dim;

  blocks.x = (dim > MAX_NUM_THREADS_CUDA) ?
             (dim / MAX_NUM_THREADS_CUDA) + 1 : 1;

  printf("Threads (x): %d\n", threads.x);
  printf("Blocks  (x): %d\n", blocks.x);

  mycuda_daxpy_kernel<<<blocks, threads>>>(dim, dev_alpha, dev_x,
  x_step_dim, dev_y, y_step_dim);
}
```

ここでは，1ブロックにつき8スレッド（MAX_NUM_THREADS_CUDA の値として定義）で並列にカーネル関数を呼び出して，DAXPY 計算を行っています．それぞれのスレッドごとに次のカーネル関数が呼び出され，呼び出されたブロックおよびスレッドに応じて計算すべきベクトルのインデックスを決めています．次元数を超えた部分の計算は実行しないよう，チェックも行っています．

```
// y := alpha * x + y
__global__ void  mycuda_daxpy_kernel (int dim, double *ptr_alpha,
```

```
double x[], int x_step_dim, double y[], int y_step_dim)
{
  int k = blockIdx.x * blockDim.x + threadIdx.x;

  int x_index = k * x_step_dim;
  int y_index = k * y_step_dim;

  if ((x_index < dim) && (y_index < dim))
  {
    y[y_index] = *ptr_alpha * x[x_index] + y[y_index];
  }
}
```

7.2.3　実行例

　これらのプログラムを CU ソースファイルとして保存し，NVCC コンパイラを用いてコンパイルすると，GPU 上で DAXPY 計算を行う実行プログラムが生成されます．8 次元以内のベクトルであれば 1 ブロックで，それ以上の次元数は 8 次元単位でブロック数が規定されます．

```
$ ./mycuda_daxpy
dim = 8
0    1.585640646055510175e+01
1    1.612435565298214426e+01
2    1.639230484541326400e+01
3    1.666025403784438910e+01
4    1.692820323027551050e+01
5    1.719615242270663200e+01
6    1.746410161513775710e+01
7    1.773205080756888210e+01
Threads (x): 8
Blocks  (x): 1
0    1.585640646055510175e+01
1    1.612435565298214426e+01
2    1.639230484541326400e+01
3    1.666025403784438550e+01
4    1.692820323027551050e+01
5    1.719615242270663560e+01
6    1.746410161513775710e+01
```

```
7   1.77320508075688785e+01
$ ./mycuda_daxpy
dim = 32
0   5.74256258422040702e+01
1   5.76935750346351952e+01
2   5.79615242270663131e+01
 (略)
29  6.51961524227066320e+01
30  6.54641016151377642e+01
31  6.57320508075688963e+01
Threads (x): 8
Blocks  (x): 5
0   5.74256258422040702e+01
1   5.76935750346351952e+01
2   5.79615242270663131e+01
 (略)
29  6.51961524227066320e+01
30  6.54641016151377642e+01
31  6.57320508075688821e+01
```

7.3　cuBLASとMAGMAの例

CUDAを用いた数値線型計算をすべて自前で揃えるのは，処理ごとにカーネル関数を書かねばならず現実的ではありません．以下では，既存のcuBLASとMAGMAの利用を考えていくことにします．

LAPACK/BLASの関数をGPU上で実行するライブラリとして，CUDAに同梱されているcuBLAS（BLAS関数がメイン）と，LAPACKチームと共通するメンバーが携わって開発しているMAGMA（Matrix Algebra for GPU and Multicore Architectures，MAGMA BLASとLAPACK関数の一部）が現在フリーで提供されています．これらの関係をソフトウェアレイヤーで示すと，図7.2のようになり

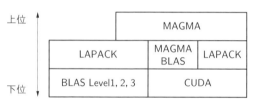

図7.2　cuBLASとMAGMAの構成

ます．

cuBLAS も MAGMA も CPU 上のホストプログラムから使用します．cuBLAS,
MAGMA BLAS ともオリジナルの BLAS とほぼ同じ機能をもっていますが，現在
の FORTRAN との互換性を重視して，行列はすべて列優先となっています．

DGEMV 関数を用いて行列・ベクトル積を計算する例を示します（サンプルプログ
ラム matvec_mul_cublas.c 参照）．まず，cublasSetMatrix, cublasSetVector 関
数を使って CPU から GPU へ値をコピーします．

```
// mat_a -> dev_mat_a
status = cublasSetMatrix(dim, dim, sizeof(double), mat_a, dim,
dev_mat_a, dim);
if(status != CUBLAS_STATUS_SUCCESS)
printf("mat_a -> dev_mat_a: cublasSetMatrix failed.\n");

// size(vec_x) == size(vec_b)
inc_vec_x = inc_vec_b = 1;

// vec_x -> dev_vec_x
status = cublasSetVector(dim, sizeof(double), vec_x, inc_vec_x,
dev_vec_x, inc_vec_x);
if(status != CUBLAS_STATUS_SUCCESS)
printf("vec_x -> dev_vec_x: cublasSetVector failed.\n");
```

定数はホスト側で保持します．

```
// vec_b := 1.0 * mat_a * vec_x + 0.0 * vec_b
alpha = 1.0;
beta = 0.0;
```

ここまでは cuBLAS も MAGMA BLAS でも共通ですが，DGEMV 関数に次の
ような違いがあります．どちらも GPU 上で並列に計算されます．

cuBLAS の場合

```
status = cublasDgemv(handle, CUBLAS_OP_N, dim, dim, &alpha,
dev_mat_a, dim, dev_vec_x, inc_vec_x, &beta, dev_vec_b, inc_vec_b);

if(status != CUBLAS_STATUS_SUCCESS)
printf("cublasDgemv failed.\n");
```

```
// 同期
cudaDeviceSynchronize(handle);
```

MAGMA BLAS の場合

```
magmablas_dgemv(MagmaNoTrans, dim, dim, alpha, dev_mat_a, dim,
dev_vec_x, inc_vec_x, beta, dev_vec_b, inc_vec_b);
```

DGEMV を実行した後の処理もまた共通になります．計算した値は，cublasGetVector 関数を用いて GPU から CPU へコピーされます．

```
// dev_vec_b -> vec_b_gpu
status = cublasGetVector(dim, sizeof(double), dev_vec_b, inc_vec_b,
vec_b_gpu, inc_vec_b);
if(status != CUBLAS_STATUS_SUCCESS)
printf("dev_vec_b -> vec_b_gpu: cublasGetVector failed.\n");
```

cuBLAS および MAGMA BLAS を用いて単精度・倍精度行列積を計算した結果を図 7.3 に示します．図からわかるように cuBLAS と MAGMA BLAS は，ほと

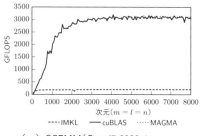
（a）SGEMM（Core i7-3820 4cores + NVIDIA GTX780）

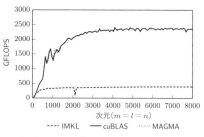
（b）SGEMM（Xeon E5-2620 12cores + NVIDIA K20）

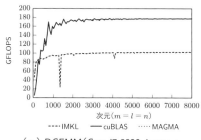
（c）DGEMM（Core i7-3820 4cores + NVIDIA GTX780）

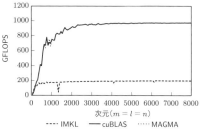
（d）DGEMM（Xeon E5-2620 12cores + NVIDIA K20）

図 7.3　xGEMM：NVIDIA GTX780（左）と Tesla K20（右）の比較

んど同じ結果になります．また，単精度計算の場合は GTX780，K20 とも CPU に比べて非常に高速ですが，倍精度は GTX780 のほうはさほど高性能にはなりません．K20 のように，倍精度演算器を多く搭載したカードに比べると，かなり見劣りすることがわかります．

7.4　MAGMA と LAPACK の比較

現在のところ，MAGMA は GPU 上で使える唯一のフリーな LAPACK/BLAS ということができます．前節で述べたとおり，BLAS にあたるものとしては cuBLAS もありますが，連立一次方程式，固有値問題に関して LAPACK と同じ機能をもつものはまだ提供されていません．cuBLAS，MAGMA BLAS 同様，MAGMA を使うことで，とくに大規模な問題に対しては CPU より高速な計算が期待できます．ここでは，すでに見てきた連立一次方程式と固有値問題について，MAGMA の効能を見ていくことにしましょう．

7.4.1　連立一次方程式：DGESV，DSGESV の比較

連立一次方程式についてはすでに見てきたとおり，良条件な問題の場合，倍精度計算より単精度計算のほうが高速な環境では，直接法 (DGESV) より混合精度反復改良法 (DSGESV) のほうが短時間で計算できます．GPU では両者の差はさらに大きいので，より高速な計算が期待できることになります．実際に計算してみましょう．

▶ **DGESV の場合**

MAGMA の場合，倍精度ドライバルーチン DGESV は，`magma_dgesv` 関数を使うのが最も簡単です．この関数は，すべての変数をホスト側に保持したまま使うことができ，GPU との変数データのやり取りはすべて自動で行ってくれます．

したがって，たとえば

```
info = LAPACKE_dgesv(LAPACK_COL_MAJOR, dim, 1, my_mat_a, dim, pivot, my_vec_b, dim);
```

という DGESV 関数の呼び出しは，ほぼそのまま `magma_dgesv` 関数でも

```
magma_dgesv(dim, 1, my_mat_a, dim, pivot, my_vec_b, dim, &info);
```

というように置き換えができます．

係数行列，ピボット，定数ベクトルを GPU 側に確保して使いたい場合は，`magma_dgesv_gpu` 関数を使うことになります．

▶ DSGESV の場合

MAGMA 2.1.0 以前のバージョンでは，MAGMA の混合精度反復改良法の関数は，GPU に主要な変数を確保して使う `magma_dsgesv_gpu` 関数しか存在しません．したがって，LAPACK で

```
info = LAPACKE_dsgesv(LAPACK_COL_MAJOR, dim, 1, my_mat_a, dim, pivot,
my_vec_b, 1, my_vec_x, 1, &iter);
```

という使い方をする場合は，

 my_mat_a → my_mat_a_gpu

 my_vec_b → my_vec_b_gpu

 my_vec_x → my_vec_x_gpu

 pivot   → pivot, pivot_gpu（変数確保のみ）

のように GPU 側に変数を確保してデータを転送し，さらに倍精度計算用，単精度計算用のワーキングメモリ `workd_gpu`, `works_gpu` をそれぞれ `dim * sizeof(double)`, `dim * (dim + 1) * sizeof(float)` 分だけ確保しておき，

```
magma_dsgesv_gpu(MagmaNoTrans, dim, 1, my_mat_a_gpu, dim, pivot,
pivot_gpu, my_vec_b_gpu, dim, my_vec_x_gpu, dim, workd_gpu,
works_gpu, &iter, &info);
```

と呼び出すことで，同等の計算を実行することができるようになります．

これらの計算を実際に行って計算時間と相対誤差をプロットしたグラフが図 7.4 になります．比較のため，CPU 上の `LAPACKE_dsgesv` 関数を使った結果も載せてあります．

精度的には GPU のほうが 1～2 桁程度悪いところが多いようですが，おおむね同程度と見てよいでしょう．しかし計算時間は，CPU の混合精度反復改良法に比較して，`magma_dgesv` では約 1/4，`magma_dsgesv` では約 1/14 になっていることがわかります．市販されているグラフィックスボード用の GPU は，演算器が少なく倍精度計算が遅いため，混合精度反復改良法が非常に有効にはたらくことが多いようです．

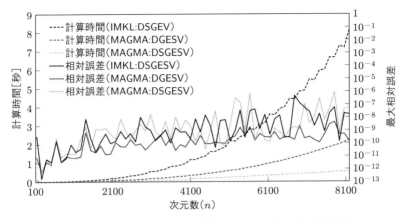

図 7.4 DGESV, DSGESV の比較：IMKL と MAGMA (GTX780)

7.4.2 固有値問題：DGEEV の比較

固有値問題用のドライバルーチンである DGEEV を，たとえば左右固有ベクトルを求めるために，

```
info = LAPACKE_dgeev(LAPACK_COL_MAJOR, 'V', 'V', dim, ma, dim, re_eig,
im_eig, levec, dim, revec, dim);
```

として使う場合を考えます．GPU 上で MAGMA を使って同じ計算を行うには，magma_dgeev 関数を使うことになりますが，ワーキングメモリを確保して引数として渡す必要があります．

```
lwork_num
= MAX(dim * (5 + 2 * dim), dim * (2 + magma_get_dgehrd_nb(dim)));
magma_malloc_pinned((void **)&h_work, sizeof(double) * lwork_num);

 (略)

magma_dgeev(MagmaVec, MagmaVec, dim, ma, dim, re_eig, im_eig, levec,
dim, revec, dim, h_work, (magma_int_t)lwork_num, &info);
```

固有値問題の場合，ヘッセンベルグ行列への変換と反復が必要になるため，GPU を使ったときの効果は連立一次方程式より劣ることが多いようです．

7.5 cuSPARSE の活用

CUDA には，疎行列用の BLAS に相当する cuSPARSE が用意されています．ここでは，MTX ファイルから読み出した COO 形式のデータを CSR 形式に変換する方法と，行列・ベクトル積を求める方法を見ていくことにしましょう．

まず最初に，`cusparseCreate` 関数を使って cuSPARSE のハンドルを初期化します．

```
status = cusparseCreate(&handle);
if(status != CUSPARSE_STATUS_SUCCESS)
{
  fprintf(stderr, "ERROR: failed to initialize cuSPARSE!\n");
  return EXIT_FAILURE;
}
```

終了時には，`cusparseDestroy` 関数でハンドルを消去します．

```
cusparseDestroy(handle);
```

たとえば，MTX ファイルから COO 形式の疎行列データが読み出されており，

`ma_val`	行列の非ゼロ要素
`ma_row_index`	行番号
`ma_col_index`	列番号
`ma_num_nonzero`	非ゼロ要素数

に格納されているとします．cuSPARSE には COO 形式の行列とベクトルとの積を計算する関数が存在しないため，CSR 形式に変換して GPU に送り込む必要があります．COO → CSR 変換のための準備のため，

```
// cudaMalloc & cudaMemcpy
dev_ma_val = (double *)mycuda_calloc(ma_num_nonzero, sizeof(double));
dev_ma_val_sorted
 = (double *)mycuda_calloc(ma_num_nonzero, sizeof(double));
dev_ma_row_index = (int *)mycuda_calloc(ma_num_nonzero, sizeof(int));
dev_ma_col_index = (int *)mycuda_calloc(ma_num_nonzero, sizeof(int));
dev_ma_row_csr = (int *)mycuda_calloc(row_dim + 1, sizeof(int));
```

として GPU 上に変数領域を確保し，

```
ma_val           → dev_ma_val
ma_row_index     → dev_row_index
ma_col_index     → dev_col_index
```

のように CPU から GPU へデータをコピーして，値をソートしておきます．

```
// バッファサイズ設定とバッファ確保，順序ベクトル確保
cusparseXcoosort_bufferSizeExt(handle, row_dim, col_dim,
ma_num_nonzero, dev_ma_row_index, dev_ma_col_index,
(size_t *)&ma_coo_buff_size);
cudaMalloc(&dev_ma_coo_buff, sizeof(char) * ma_coo_buff_size);
cudaMalloc((void **)&dev_ma_coo_perm, sizeof(int) * ma_num_nonzero);
cusparseCreateIdentityPermutation(handle, ma_num_nonzero,
dev_ma_coo_perm);

// COO ソート
cusparseXcoosortByRow(handle, row_dim, col_dim, ma_num_nonzero,
dev_ma_row_index, dev_ma_col_index, dev_ma_coo_perm, dev_ma_coo_buff);

// 値もソート : dev_ma_val -> dev_ma_val_sorted
cusparseDgthr(handle, ma_num_nonzero, dev_ma_val, dev_ma_val_sorted,
dev_ma_coo_perm, CUSPARSE_INDEX_BASE_ZERO);

// クリア
cudaFree(dev_ma_coo_buff);
cudaFree(dev_ma_coo_perm);
```

これでようやく COO → CSR 変換関数 cusparseXcoo2csr を呼び出すことができます．0-based index であれば，

```
// COO to CSR
status = cusparseXcoo2csr(handle, dev_ma_row_index, ma_num_nonzero,
row_dim, dev_ma_row_csr, CUSPARSE_INDEX_BASE_ZERO);
```

と呼び出します．MTX 形式そのままの 1-based index の場合は，最後の引数を CUSPARSE_INDEX_BASE_ONE に変更します．

変換された CSR 形式の行列は，行列記述子 (matrix descripter) を用いて

```
status = cusparseCreateMatDescr(&mat_descripter);
```

と初期化しておきます．開放するときには，cusparseDestoryMatDescr 関数を使

います．

```
cusparseDestroyMatDescr(mat_descripter);
```

ここで，行列記述子に対して行列の型を宣言します．非対称行列で 0-based index の場合は，

```
cusparseSetMatType(mat_descripter, CUSPARSE_MATRIX_TYPE_GENERAL);
cusparseSetMatIndexBase(mat_descripter, CUSPARSE_INDEX_BASE_ZERO);
```

とします．

以上より，行列・ベクトル積 (SpMV) は次のように行うことができます．

```
status = cusparseDcsrmv(handle, CUSPARSE_OPERATION_NON_TRANSPOSE,
dim, dim, ma_num_nonzero, &alpha, mat_descripter, dev_ma_val_sorted,
dev_ma_row_csr, dev_ma_col_index, dev_vx, &beta, dev_vb);
```

なお，ベクトルどうしの演算は cuBLAS の関数群を使って行います．

以上長々と解説しましたが，疎行列を係数行列とする連立一次方程式を単体で GPU 上で解いても CPU 以上に高速にするためにはいろいろ条件があるようで，何でも GPU で高速化できると考えるのは拙速すぎるようです．上記のサンプルプログラムを使って，UF Sparse Collection などからさまざまな行列を読み込んで試してみてください．

演習問題

7.1 `magma_dgeev` 関数と LAPACK の DGEEV 関数を用いて 100 次以上の乱数行列の全固有値・固有ベクトルを求めるプログラムを書き，それぞれの計算速度を比較せよ．

7.2 （研究課題）cuSPARSE を用いて BiCGSTAB 法のプログラムをつくり，計算速度について考察せよ．

8 非線型問題を解く

本書の締めくくりとして，本章では LAPACK/BLAS の機能を用いた非線型方程式と積分方程式の解計算を取り上げます．これらの問題は，ベクトルや行列を用いた近似スキームを使用するため，繰り返し LAPACK/BLAS ルーチンを使用する必要があります．そのため，計算時間は使用する LAPACK/BLAS ルーチンの性能に大きく依存することになります．いままで学んできた高速化の技法も導入し，本書のまとめと，ほかの応用事例への入り口として活用してください．

8.1 積分方程式の離散化

積分方程式 (integral equation) とは，ある閉区間で定義されている有界な関数 $x(s)$ が積分の中に現れるような方程式の総称です．ここでは，閉区間 $s, t \in [a, b] \subset \mathbb{R}$ において定義される解 $x(s)$ に対して定義された，次のハマーステイン (Hemmerstein) 型積分方程式を考えることにします．

$$x(s) = f(s) + \int_a^b K(s,t)g(t,x(t))dt \tag{8.1}$$

解が関数になりますので，その解析式が導出できればよいのですが，一般的には積分自身が簡単に有限の式の形で表現できるものではありませんので，数値計算としては離散的な解の値，すなわち

$$\mathbf{x} = [x(t_1)\ x(t_2)\ \ldots\ x(t_N)]^T = [x_1\ x_2\ \ldots\ x_N]^T$$

が得られればよしとします．ここで，$t_i \in [a,b]$, $x_i = x(t_i)$ $(i = 1, 2, \ldots, N)$ です．

このような前提があれば，この積分方程式 (8.1) を解くには，積分の部分を離散的な解の値を使った近似公式

$$\int_a^b K(s,t)g(t,x(t))dt \approx \sum_{j=1}^N w_j K(s,t_j)g(t_j,x_j)$$

を使い，式 (8.1) に代入して，次のように設定すればよいことになります（ここで，

w_j は近似公式によって決まる定数).

$$x_i = f_i + \sum_{j=1}^{N} w_j K(s_i, t_j) g(t_j, x_j) \quad (i = 1, 2, \ldots, N) \tag{8.2}$$

このとき,式 (8.6) のように $g(t, x(t))\,(= |x(t)| + (x(t))^2)$ が非線型であれば,$\mathbf{x} \in \mathbb{R}^N$ に関する N 次元非線型方程式となります.したがって,一般的には何らかの形でこの非線型方程式の近似解を得る必要があります.つまり,積分方程式 (8.1) の近似式 (8.2) をさらに近似する,という形になります.ここでは,式 (8.2) にはガウス (Gauss) 型積分公式を使用することにします.

8.2 ゴラブ-ウェルシュの方法によるガウス型積分公式の分点計算

ガウス型積分公式の分点 $\alpha_1, \alpha_2, \ldots, \alpha_N$ ($i < j$ のとき,$\alpha_i < \alpha_j$ とする) は,3 項漸化式

$$p_j(x) = (a_j x + b_j) p_{j-1}(x) - c_j p_{j-2}(x) \quad (j = 1, 2, \ldots, N) \tag{8.3}$$

に基づいて定義される N 次直交多項式 $p_N(x)$ の零点

$$p_N(\alpha_i) = 0 \quad (i = 1, 2, \ldots, N)$$

として表現できます.ここで,$a_j, b_j, c_j \in \mathbb{R}$ は直交多項式ごとに定まる定数であり,今回計算したルジャンドル (Legendre),ラゲール (Laguerre),エルミート (Hermite) 多項式の場合は,**表 8.1** のようになります.

表 8.1　3 項漸化式の係数,重み関数,積分区間 $[a, b]$

直交多項式名	$p_{-1}(x)$	$p_0(x)$	a_j	b_j	c_j	$w(x)$	a	b
ルジャンドル	0	1	$(2j-1)/j$	0	$(j-1)/j$	1	-1	1
ラゲール	0	1	$-1/j$	$(2j-1)/j$	$(j-1)/j$	$\exp(-x)$	0	$+\infty$
エルミート	0	1	2	0	$2j-2$	$\exp(-x^2)$	$-\infty$	$+\infty$

また,分点 α_i に対応する重み w_i ($i = 1, 2, \ldots, N$) は,$p_j(x)$ の最高次の係数を μ_j,$\lambda_j = \int_a^b (p_j(x))^2 dx$ とするとき,

$$w_i = \left(\frac{\mu_{N-1}}{\lambda_{N-1} \mu_N} p_{N-1}(\alpha_i) p'_N(\alpha_i) \right)^{-1}$$

8.2 ゴラブ-ウェルシュの方法によるガウス型積分公式の分点計算

となるので，ガウス型の数値積分は，重み関数を $w(x)$ とすると，

$$\int_a^b w(x)f(x)dx \approx \sum_{i=1}^N w_i f(\alpha_i)$$

と計算することができるようになります．代表的な三つの直交多項式の場合は，表 8.1 のようになります．

ゴラブ (Golub) とウェルシュ (Welsch)[5] は，1〜N 次までの式 (8.3) を

$$x \begin{bmatrix} p_0(x) \\ p_1(x) \\ \vdots \\ p_{N-2}(x) \\ p_{N-1}(x) \end{bmatrix} = \begin{bmatrix} -(b_1/a_1) & 1/a_1 & & & \\ c_2/a_2 & -(b_2/a_2) & 1/a_2 & & \\ & \ddots & \ddots & \ddots & \\ & & c_{N-1}/a_{N-1} & -(b_{N-1}/a_{N-1}) & 1/a_{N-1} \\ & & & c_N/a_N & -(b_N/a_N) \end{bmatrix}$$

$$\times \begin{bmatrix} p_0(x) \\ p_1(x) \\ \vdots \\ p_{N-2}(x) \\ p_{N-1}(x) \end{bmatrix} + \begin{bmatrix} 0 \\ 0 \\ \vdots \\ 0 \\ (1/a_N)p_N(x) \end{bmatrix}$$

と表現し，これを改めて

$$x\mathbf{p}(x) = T\mathbf{p}(x) + \frac{1}{a_N}p_N(x)\mathbf{e}_N \quad (\mathbf{e}_i \text{ は単位ベクトル})$$

とおき，分点 $x = \alpha_i$ においては

$$T\mathbf{p}(\alpha_i) = \alpha_i \mathbf{p}(\alpha_i) \tag{8.4}$$

となることを利用し，式 (8.4) を固有値問題のアルゴリズムを使用して解き，分点 (T の固有値) を求める方法を提案しました．

実際には，分点はすべて実数ですが，三重対角行列 T は非対称行列になることがあります (表 8.1) ので，

$$d_{i+1} = \sqrt{\frac{a_{i+1}}{a_i c_{i+1}}}\, d_i$$

を対角成分とする対角行列 D を用いて

$J = DTD^{-1}$

$$= \begin{bmatrix} -(b_1/a_1) & \sqrt{c_2/a_1 a_2} & & & \\ \sqrt{c_2/a_1 a_2} & -(b_2/a_2) & \sqrt{c_3/a_2 a_3} & & \\ & \ddots & \ddots & \ddots & \\ & & \sqrt{c_{N-1}/a_{N-2} a_{N-1}} & -(b_{N-1}/a_{N-1}) & \sqrt{c_N/a_{N-1} a_N} \\ & & & \sqrt{c_N/a_{N-1} a_N} & -(b_N/a_N) \end{bmatrix}$$

と対称化することができます.こうすることで,分点は J の固有値($=T$ の固有値)として求めることができますので,xGESY 関数よりもっと高速な,実対称三重対角行列の固有値・固有ベクトル計算ドライバルーチンである xSTEQR 関数(**表 8.2**)を使うことができるようになります.

表 8.2 LAPACK:DSTEQR 関数

実対称三重行列 $T := S^T A S$ の固有値・固有ベクトルを求める	
`#include "lapache.h"`	引数の意味
`int LAPACKE_dsteqr(`	
`  int matrix_order,`	T の格納方式
	`LAPACK_ROW_MAJOR`: 行優先,`LAPACK_COL_MAJOR`: 列優先
`  char compz,`	`'N'`: 固有値のみ求める,
	`'V'`: T に変換する前の実対称行列の固有ベクトルも求める
	(`z` に相似変換行列 S をあらかじめ格納しておく),
	`'I'`: T の固有ベクトルも求める(`z` に格納)
`  int n,`	A のサイズ
`  double *d,`	T の対角要素格納先ポインタ
	(計算後に固有値が格納される)
`  double *e,`	T の副対角要素格納先ポインタ
`  double *z,`	固有ベクトル格納先ポインタ
`  int ldz`	固有ベクトルの本数
`);`	
返り値	
`int info =` $\begin{cases} 0 & (\text{正常終了}) \\ -i & (i\text{ 番目の引数が異常値}) \\ > 0 & (30n\text{ 回反復後,収束せず失敗}) \end{cases}$	

ここで,重みはユークリッドノルムによって正規化された J の α_i に対応する固有ベクトル $\mathbf{q}_i$ の第 1 成分 $q_1^{(i)}$ を用いて

$$w_i = (q_1^{(i)})^2 \int_a^b w(x) dx$$

を計算することによって得られる値です.

たとえば，DSTEQR 関数で計算した $N = 2, 3, 4$ のときの分点（$= J$ の固有値）と重み w_i は，表 8.3 のようになります（サンプルプログラム `integral_eq/gauss_integral.c` 参照）.

表 8.3　ガウス型積分公式の例

N	i	α_i	w_i
2	1	$-5.77350269189625731\mathrm{e}{-01}$	$9.99999999999999778\mathrm{e}{-01}$
	2	$5.77350269189625731\mathrm{e}{-01}$	$9.99999999999999778\mathrm{e}{-01}$
3	1	$-7.745966692414832931\mathrm{e}{-01}$	$5.55555555555555802\mathrm{e}{-01}$
	2	$-4.510281037539698451\mathrm{e}{-17}$	$8.88888888888888840\mathrm{e}{-01}$
	3	$7.745966692414834041\mathrm{e}{-01}$	$5.55555555555555802\mathrm{e}{-01}$
4	1	$-8.611363115940525731\mathrm{e}{-01}$	$3.47854845137454183\mathrm{e}{-01}$
	2	$-3.399810435848562021\mathrm{e}{-01}$	$6.52145154862546317\mathrm{e}{-01}$
	3	$3.399810435848562021\mathrm{e}{-01}$	$6.52145154862545984\mathrm{e}{-01}$
	4	$8.611363115940525731\mathrm{e}{-01}$	$3.47854845137454127\mathrm{e}{-01}$

実際に次の二つの定積分を，ガウス型積分公式を用いて計算してみます．この結果を表 8.4 に示します．

1. $\int_0^{\pi/2} \cos x \, dx = 1$
2. $\int_0^1 x^2 \, dx = 1/3$

表 8.4　ガウス型積分公式による定積分の計算

N	$\int_0^{\pi/2} \cos x \, dx = 1$	$\int_0^1 x^2 \, dx = 1/3$
2	$9.98472613404114751\mathrm{e}{-01}$	$3.33333333333333259\mathrm{e}{-01}$
3	1.00000812155549856	$3.33333333333333426\mathrm{e}{-01}$
4	$9.99999977197115530\mathrm{e}{-01}$	$3.33333333333333370\mathrm{e}{-01}$
5	$1.00000000003956480\mathrm{e}{+00}$	$3.33333333333333481\mathrm{e}{-01}$
6	$9.99999999999953260\mathrm{e}{-01}$	$3.33333333333333148\mathrm{e}{-01}$
7	$9.99999999999999889\mathrm{e}{-01}$	$3.33333333333332760\mathrm{e}{-01}$
8	1.00000000000000022	$3.33333333333333426\mathrm{e}{-01}$

ガウス型積分公式は多項式近似を用いているので，被積分関数が分点数以下の小さい多項式関数の場合は，正しい定積分の値を計算することができます．したがって，2 の定積分は分点数が 2 以上になると，ほぼ倍精度末尾の桁まで正しい値が得られています．したがって，1 のように分点数に比例して正しい値に近づいていく関数を使って，分点および重みの確認をする必要があります．

8.3 デリバティブフリーな非線型方程式の解法

n 次元非線型写像 $\mathbf{F}: \mathbb{R}^N \to \mathbb{R}^N$ を用いて定義される非線型方程式 (8.5)

$$\mathbf{F}(\mathbf{x}) = 0 \tag{8.5}$$

に対してはさまざまな解法が提案されており，今現在も盛んに研究されています．ここでは，そのごく一部のみを LAPACK/BLAS を使って実装していきます．

通常，$\mathbf{F}$ がある領域 $\Omega \subset \mathbb{R}^N$ において滑らかな関数であれば，ニュートン (Newton) 法が適用できます．

$$\mathbf{x}_{k+1} := \mathbf{x}_k - \left[\frac{\partial \mathbf{F}}{\partial \mathbf{x}}(\mathbf{x}_k)\right]^{-1} \mathbf{F}(\mathbf{x}_k)$$

ここで $[\partial \mathbf{F}/\partial \mathbf{x}]$ は，$\mathbf{F}$ の偏導関数 $\partial F_i/\partial x_j$ を要素とするヤコビ行列です．ヤコビ行列の逆行列を乗じている部分は，連立一次方程式を解くことで得るようにします．これは，LAPACK の xGESV 関数（表 2.2）を使うことで計算できます．

$\mathbf{F}$ が微分不可能な場合にも適用するために，このヤコビ行列を 1 階差分商行列 $[\mathbf{x}_{k-1}, \mathbf{x}_k; \mathbf{F}]$ で置き換えた割線法というものがあります．

$$\mathbf{x}_{k+1} := \mathbf{x}_k - [\mathbf{x}_{k-1}, \mathbf{x}_k; \mathbf{F}]^{-1} \mathbf{F}(\mathbf{x}_k)$$

ここで，1 階差分商行列の (i, j) 要素は

$$[\mathbf{u}, \mathbf{v}; \mathbf{F}]_{ij} = \frac{1}{u_j - v_j}\left(F_i(u_1, \ldots, u_j, v_{j+1}, \ldots, v_n) - F_i(u_1, \ldots, u_{j-1}, v_j, \ldots, v_n)\right)$$

として計算できます．ただし，差分商を構成する二つのベクトル $\mathbf{u}$，$\mathbf{v}$ が近接していると桁落ちが起きますし，ニュートン法に比べると収束性に劣る，すなわち，収束のスピードが遅くなりがちです．

しかし，導関数を必要としない解法なので，微分不可能な区間を含んで導関数が得られずニュートン法が適用できない場合は重宝します．このような非線型方程式の解法をデリバティブフリー (derivative free) 型解法とよび，これらの高性能なバリエーションを提案する研究が盛んに行われています．ここでは，エスケーロ (Ezquerro) ら[4] による次の解法を考えることにします．

$$\mathbf{y}_k := \mathbf{x}_k - [\mathbf{x}_{k-1}, \mathbf{x}_k; \mathbf{F}]^{-1} \mathbf{F}(\mathbf{x}_k)$$

$$\mathbf{x}_{k+1} := \mathbf{y}_k - [\mathbf{x}_{k-1}, \mathbf{x}_k; \mathbf{F}]^{-1}\mathbf{F}(\mathbf{y}_k)$$

これは，割線法が収束するのであれば，2回収束項を同じ差分商行列を用いて計算し，収束を早めるという工夫がなされている解法です．LAPACK/BLASでは，xGETRF（表4.1）を1回，xGETRS（表4.2）を2回呼び出すことで反復1回分の計算ができます．この解法の適用例として式(8.2)が挙げられており，$n=8$のケースのみ実際に解かれています．以下では，ベンチマークテスト用として使用しますので，もっと大きな次元数のものを考えることにします．

8.4 ベンチマークテスト

ここでは，次のようなハマーステイン型積分方程式をガウス型積分公式を使って離散化した非線型方程式を解きます．この方程式は，見てのとおり被積分関数に絶対値が含まれており，微分不可能な点が存在します．

$$x(s) = 1 + \frac{1}{2}\int_0^1 K(s,t)(|x(t)| + (x(t))^2)dt \quad (s \in [0,1]) \tag{8.6}$$

ここで，

$$K(s,t) = \begin{cases} (1-s)t & (t \leq s) \\ s(1-t) & (t \geq s) \end{cases}$$

です．ガウス型積分公式にはルジャンドル多項式に基づくものを使用し，$s_i = t_i = d_i$とします．

積分区間の分割数が多いと，それだけ行列・ベクトルのサイズも大きくなりますので，並列化できるようにLAPACK/BLASの関数を用い，1階差分商行列もOpenMPを用いて各要素の計算を並列に計算します（サンプルプログラム `integral_eq/iteration.c` 参照）．とくに，この1階差分商行列の計算が並列化により高速化されないことには，計算速度はまったく向上しません．Intel Math Kernelのように限界まで最適化されたライブラリを使っても，ユーザがつくった部分が低速では意味がありません．

反復が停止するための条件は，割線法もデリバティブフリー法も，

$$\|\mathbf{x}_{k+1} - \mathbf{x}_k\|_2 \leq 10^{-10}\|\mathbf{x}_k\|_2 + 10^{-50}$$

と設定しておきました．基本的にはユークリッドノルムの意味での相対誤差が10^{-10}

以下になったところで停止するようにしていますが,万が一 $\|\mathbf{x}_k\|_2 \approx 0$ となったときのことも考えて,絶対誤差が 10^{-50} 以下でも停止するようにしています.

倍精度で近似解を得るにしては多すぎる分割数ですが,$N = 128 \sim 2048$ と設定して計算したときの計算時間と,4スレッド時の速度向上率を**表 8.5** に示します.ここには,ガウス型積分公式の導出時間も含まれています.

表 8.5 割線法とデリバティブフリー法の計算時間と並列化効率

N	反復回数	① LAPACK [秒]	② IMKL (4スレッド) [秒]	速度向上率 (= ①/②)
		割線法		
128	6	0.032	0.035	0.92
256	6	0.18	0.31	0.59
512	6	1.2	0.52	2.35
1024	6	9.6	3.3	2.94
2048	6	83.3	23.5	3.55
		デリバティブフリー法		
128	5	0.034	0.23	0.15
256	5	0.15	0.11	1.36
512	5	1.1	0.45	2.33
1024	5	8.3	2.8	2.94
2048	5	71.2	19.1	3.72

分点数 128 程度ですと並列化の効果はまったくなく,むしろ並列化のための配列確保などのオーバーヘッドのために遅くなっていますが,どちらも分点数 512 以上になると並列化の効果が発揮されていることがわかります.反復回数が 1 回減ることで,エスケーロのデリバティブフリー解法のほうが若干高速になっています.

演習問題

8.1 次のハマーステイン型積分方程式を解け.
 (1) $x(s) = \exp s - s \sin s + \int_0^1 (x(t))^2 \exp(-2t) \sin s \, dt, \quad s \in [0, 1]$
 (2) $x(s) = s^2 + \sin s \int_{-1}^1 (x(t))^2 \exp(-2t) \, dt, \quad s \in [-1, 1]$

8.2 (**研究課題**) ハマーステイン型積分方程式 (8.6) の計算をさらに高速に実行したい.そのために次の方法を試し,その計算効率について考察せよ.
 (1) 単精度-倍精度の混合精度反復改良法(DSGESV 関数)を利用する.
 (2) 単精度でも収束するようであれば,全部単精度計算で実行するように書き直す.
 (3) CUDA が実行できる環境で MAGMA を利用して計算する.

Answers 演習問題解答

1.1 Scilab と R による実行例を以下に示す．

Scilab による連立一次方程式の解計算「`-->`」から始まる行が入力部分．

```
-->x = [1; 2; 3]      // 解ベクトル x の入力
 x  =

    1.
    2.
    3.

-->A = [3, 2, 1;      // 係数行列 A の入力
--> 2, 2, 1;
--> 1, 1, 1]
 A  =

    3.   2.   1.
    2.   2.   1.
    1.   1.   1.

-->b = A * x          // 定数ベクトル b の計算
 b  =

    10.
    9.
    6.

-->A\b                // Ax = b を解き，x と一致することを確認
 ans  =

    1.
    2.
    3.
```

R による連立一次方程式の解計算「`>`」から始まる行が入力部分．

```
> x <- c(1, 2, 3)       # 解ベクトル x を入力
> x                     # x の出力確認
[1] 1 2 3
```

```
> A <- array(c(3, 2, 1,    # 係数行列 A を入力
+ 2, 2, 1,                 # 「+」以降を入力
+ 1, 1, 1), dim=c(3, 3))   # 「+」以降を入力
> A                        # A の出力確認
     [,1] [,2] [,3]
[1,]    3    2    1
[2,]    2    2    1
[3,]    1    1    1
> b <- A %*% x             # 定数ベクトル b を計算
> b                        # b の出力確認
     [,1]
[1,]   10
[2,]    9
[3,]    6
> solve(A, b)              # Ax = b を解き
     [,1]                  # x と一致することを確認
[1,]    1
[2,]    2
[3,]    3
```

1.2 NAG や Intel Math Kernel Library など.

3.1 (1) は `blas1_chap3.c`, (2) は `blas3_chap3.c`, (3) は `blas2_chap3.c` 参照. (3) は先に $\mathbf{z} := 3\mathbf{x} - \mathbf{y}$ を求め, $4(A(B\mathbf{z}))$ という順に xGEMV のみ使用して計算することで, 計算量を減らすことができる.

3.2 (1) は `jacobi_iteration_chap3.c`, (2) は `power_eig_chap3.c` 参照.

3.3 たとえば $\mathbf{c} = [-1 + 2\mathrm{i} \quad 3 - 4\mathrm{i}]^T$ の場合, $\|c\|_1 = 5 + \sqrt{5}$ となるが, xASUM は 10 となる.

3.4 複素行列・ベクトル積はサンプルプログラム `complex_matvec_mul.c` 参照.

4.1 A は実対称行列なので, xSYzz ドライバルーチンを使用することができる. (1) は `linear_eq_dsysv_chap4.c`, (2) は `lapack_dsyev_chap4.c` 参照.

4.2 サンプルプログラム `linear_eq.c`, `linear_eq_dgetrf.c` を参照し, double 型変数をすべて float 型に置き換えてプログラムをつくる.

4.3 サンプルプログラム `invpower_eig.c` 参照.

4.4 サンプルプログラム `lapack_ssyev.c` 参照.

4.5 参考文献 [12] 参照.

6.1 サンプルプログラム `my_linear_eq_omp.c` 参照.

6.2 サンプルプログラム linear_eq.c, lapack_dgeev.c を IMKL を用いてリンクし，並列計算を行う．

7.1 サンプルプログラム lapack_dgeev_magma.c 参照．
7.2 サンプルプログラム bicgstab_csr_cusparse.c 参照．

8.1 サンプルプログラムのディレクトリ integral_eq 内のプログラムを参照．
8.2 本文中に記述したテクニックを参照．

Bibliography 参考文献

[1] A.Buttari, J.Dogarra, Julie Langou, Julien Langou, P.Luszczek, and J.Karzak: Mixed precision iterative refinement techniques for the solution of dense linear system, *The International Journal of High Performance Computing Applications*, Vol. 21, No. 4, pp. 457–466, 2007.

[2] Matrix Market development team: Matrix market (`http://math.nist.gov/MatrixMarket/`).

[3] T.Davis et al.: The University of Florida (UF) sparse matrix collection (`https://www.cise.ufl.edu/research/sparse/matrices/`).

[4] J. A. Ezquerro, M. Grau-Sánchez, and M. A. Hernández: Solving non-differentiable equations by a new one-point iterative method with memory, *J. Complex.*, Vol. 28, No. 1, pp. 48–58, 2012.

[5] G.H.Golub and J.H.Welsch: Calculation of Gauss quadrature rules, *Mathematics of Computations*, Vol. 23, No. 106, pp. 221–230, 1969.

[6] G.H.Golub and C.F.van Loan: *Matrix Computations (4th ed.)*, Johns Hopkins University Press, 2013.

[7] Khronos Group: Opencl (`https://www.khronos.org/opencl/`).

[8] C. B. Moler: Iterative refinement in floating point, *Journal of the ACM*, Vol. 14, No. 12, pp. 316–321, 1967.

[9] NVIDIA: Cuda zone (`https://developer.nvidia.com/cuda-zone`).

[10] Magma Project: Magma: Matrix algebra on gpu and multicore architectures (`http://icl.cs.utk.edu/magma/`).

[11] H. A. van der Vorst: *Iterative Krylov Methods for Large Linear Systems*, Cambridge University Press, 2003.

[12] 幸谷智紀，永坂秀子：Jordan 標準型とべき乗法，日本応用数理学会論文誌，Vol. 7, No. 2, pp. 107–129, 1997.

[13] 片桐孝洋：並列プログラミング入門，東京大学出版会，2015.

Index　　　　　　　　　　　　　　　　索　引

英数字

0-based index ……………………………… 12
1-based index ……………………………… 12
1 次元配列 …………………………………… 13
1 ノルム ……………………………………… 43
2 ノルム ……………………………………… 43
BiCGSTAB …………………………………… 90
BLAS …………………………………………… 8
　　DASUM　44
　　DAXPY　39
　　DCOPY　39
　　DDOT　48
　　DGEMM　50
　　DGEMV　26
　　DNRM2　44
　　DSBMV　47
　　DSCAL　49
　　IDAMAX　44
　　Level 1　38, 39
　　Level 2　38, 44
　　Level 3　38, 49
CBLAS …………………………………………… 8
COO …………………………………………… 84
CPU ……………………………………………… 1
CSC ………………………………………… 86, 87
CSR ………………………………………… 86, 87
cuBLAS ……………………………………… 112
　　`cublasGetVector`　114
　　`cublasSetMatrix`　113
　　`cublasSetVector`　113
CUDA ………………………………………… 106
　　`cudaMalloc`　109
　　`cudaMemcpy`　109
　　カーネル関数　110
cuSPARSE …………………………………… 118
C 言語 …………………………………………… 8

EISPACK ……………………………………… 6
FLOPS ………………………………………… 50
FORTRAN ……………………………………… 6
Intel Math Kernel
　　`mkl_cspblas_dcoogemv`　87
　　`mkl_cspblas_dcsrgemv`　87
　　`mkl_dcsrcoo`　88
LAPACK ………………………………………… 6
　　DGECON　65
　　DGEEV　77
　　DGESV　28
　　DGETRF　61
　　DGETRS　62
　　DLANGE　66
　　DSGESV　72
　　DSTEQR　124
　　DSYEV　75
　　行列タイプ　9
　　計算ルーチン　8, 11
　　ドライバルーチン　7, 10, 11
　　補助ルーチン　8
LAPACKE ……………………………………… 7
LINPACK ……………………………………… 6
LU 分解 ……………………………………… 59
MAGMA ……………………………………… 112
　　`magma_dgeev`　117
　　`magma_dgesv`　115
　　`magma_dgesv_gpu`　116
　　`magma_dsgesv`　116
mmio ………………………………………… 82
　　`mm_io.c`　82
　　`mm_io.h`　82
　　`mm_read_banner`　83
　　`mm_read_mtx_crd`　85
　　`mm_write_banner`　83
MTX フォーマット ………………………… 82

索　引

OpenMP 98
Pthread 94, 95
RAM 1

あ 行

一般化固有値 18
一般化固有値問題 18
一般化固有ベクトル 18
一般化線型最小二乗問題 17
上三角行列 58
エルミート行列 55
エルミート多項式 122
帯行列 58

か 行

外部記憶装置 2
ガウス型積分公式 122
仮数部 3
割線法 126
記憶領域 14
逆行列 20
逆べき乗法 79
キャッシュメモリ 2
行優先 13, 37
行　列 5
行列記述子 119
行列ノルム 63
虚　部 6
ケチ表現 3
コ　ア 2, 93
誤　差 4
固有値 17
固有ベクトル 17
コレスキー分解 63
混合精度反復改良法 69

さ 行

三重対角行列 57
指数部 3
下三角行列 58
実数型 11
実　部 6
条件数 65

小数部 3
数値線型代数 4
スレッド 93
整数型 11
正則行列 20
積分方程式 121
絶対許容値 91
絶対誤差 4
接頭辞 14
接尾辞 14
線型最小二乗問題 16
線型方程式 16
相対許容度 91
相対誤差 4
疎行列 57, 81
ソフトウェアライブラリ 4

た 行

対角行列 57
対称行列 55
タイリング 51
単位行列 20
単精度浮動小数点数 3
直接法 22
直交行列 56
デリバティブフリー 126
転　置 4
動作周波数 2
特異値 17
特異ベクトル 17

な 行

ナチュラルノルム 63
2 次元配列 13
ニュートン法 126
ノルム 5

は 行

倍精度浮動小数点数 3
配　列 12
バ　ス 1
ハマーステイン型積分方程式 121
反復法 89

非線型方程式 …………………………… 122	密行列 …………………………………… 57
ピボット ………………………………… 21	無限大ノルム …………………………… 43
標準固有値問題 ………………………… 17	メニーコア …………………………… 106
複素数 …………………………………… 5	文字型 …………………………………… 11
複素数型 ………………………………… 11	
副対角要素 ……………………………… 57	**や　行**
部分ピボット選択 ……………………… 29	ヤコビ反復法 ……………………… 46, 89
フランク行列 …………………………… 74	ユークリッドノルム …………………… 5
フロベニウスノルム …………………… 64	有効桁数 ………………………………… 4
べき乗法 ………………………………… 47	ユニタリ行列 …………………………… 56
ベクトル ………………………………… 4	
ベクトルノルム ………………………… 42	**ら　行**
ヘッセンベルグ行列 …………………… 58	ラゲール多項式 ……………………… 122
	リダクション …………………………… 74
ま　行	ルジャンドル多項式 ………………… 122
マシンイプシロン ……………………… 3	レジスタ ………………………………… 2
マルチコア ……………………………… 93	列優先 ……………………………… 13, 37
マルチスレッド ………………………… 93	連立一次方程式 ………………………… 16
丸め誤差 ………………………………… 4	

著者略歴

幸谷　智紀（こうや・とものり）
　1991 年　東京理科大学理工学部数学科卒業
　1993 年　日本大学大学院理工学研究科博士前期課程修了
　　　　　雇用促進事業団・石川能力開発短期大学講師
　1997 年　日本大学大学院理工学研究科博士後期課程修了
　1999 年　静岡理工科大学理工学部情報システム学科講師
　2016 年　静岡理工科大学総合情報学部コンピュータシステム学科教授
　　　　　現在に至る
　　　　　博士（理学）

【主な著書】（いずれも共著）
情報数学の基礎―例からはじめてよくわかる，森北出版，2011．
基礎から身につける線形代数，共立出版，2014．

編集担当　福島崇史(森北出版)
編集責任　藤原祐介・石田昇司(森北出版)
組　　版　プレイン
印　　刷　エーヴィスシステムズ
製　　本　ブックアート

LAPACK/BLAS 入門　　　　　　　　　　　　　Ⓒ 幸谷智紀　*2016*
2016 年 12 月 15 日　第 1 版第 1 刷発行　【本書の無断転載を禁ず】

著　　者　幸谷智紀
発 行 者　森北博巳
発 行 所　森北出版株式会社

　　　　　東京都千代田区富士見 1-4-11（〒102-0071）
　　　　　電話 03-3265-8341／FAX 03-3264-8709
　　　　　http://www.morikita.co.jp/
　　　　　日本書籍出版協会・自然科学書協会　会員
　　　　　JCOPY　＜(社)出版者著作権管理機構　委託出版物＞

落丁・乱丁本はお取替えいたします．
Printed in Japan／ISBN 978-4-627-84881-8